序

商務電子郵件詐騙(BEC)事件日益嚴重，許多組織都成為攻擊目標。[illegible]風險報告將其列為2023年的十大重要風險之一。因此，資訊安全管理和有效稽核變得至關重要，並且利用AI技術來強化這些方面已成當務之急。

2022年10月25日，ISO/IEC 27001:2022資訊安全、網絡安全和隱私保護的新版正式發布。此新版新增了11項控制措施，包括威脅情報和雲端服務的資訊安全等，內部控制處理準則並明訂上市櫃公司2022年起應設置資安長與資安專責單位，以展現對資訊安全的承諾。ICAEA國際電腦稽核教育協會對BEC稽核發出警告，強調解決BEC詐騙問題沒有簡單的解決方法。許多成功的BEC攻擊都是因為組織缺乏內部控制和員工疏忽所致。因此，應該加強電子郵件的內部控制和稽核技巧。

本教材以「高風險詐騙郵件(BEC)查核」為例，提供完整的實例演練資料，旨在引導學員如何預防、偵測詐騙郵件。透過JCAATs AI稽核軟體上機實作，使非資訊背景的稽核人員能夠快速處理大量郵件資料，並運用文字探勘等人工智慧功能，找出高風險詐騙信件的來源和標的，從而提前偵測與防範風險。JCAATs 為Python-Based AI新世代的通用稽核軟體，具有更多的AI人工智慧功能包含機器學習、文字探勘及OEPN DATA連結器等，歡迎資安長、資安專責人員、會計師、內部稽核人員以及對資訊安全稽核有興趣的深入學習者參與，一起學習與交流！

JACKSOFT 傑克商業自動化股份有限公司
黃秀鳳總經理
2023/09/08

電腦稽核專業人員十誡

ICAEA 所訂的電腦稽核專業人員的倫理規範與實務守則，以實務應用與簡易了解為準則，一般又稱為『電腦稽核專業人員十誡』。 其十項實務原則說明如下：

1. 願意承擔自己的電腦稽核工作的全部責任。
2. 對專業工作上所獲得的任何機密資訊應要確保其隱私與保密。
3. 對進行中或未來即將進行的電腦稽核工作應要確保自己具備有足夠的專業資格。
4. 對進行中或未來即將進行的電腦稽核工作應要確保自己使用專業適當的方法在進行。
5. 對所開發完成或修改的電腦稽核程式應要盡可能的符合最高的專業開發標準。
6. 應要確保自己專業判斷的完整性和獨立性。
7. 禁止進行或協助任何貪腐、賄賂或其他不正當財務欺騙性行為。
8. 應積極參與終身學習來發展自己的電腦稽核專業能力。
9. 應協助相關稽核小組成員的電腦稽核專業發展，以使整個團隊可以產生更佳的稽核效果與效率。
10. 應對社會大眾宣揚電腦稽核專業的價值與對公眾的利益。

目錄

| AI Audit Expert

Python Based 人工智慧稽核軟體

AI稽核實務個案演練 資通安全電腦稽核 -高風險詐騙郵件(BEC) 查核實例演練

傑克商業自動化股份有限公司

JACKSOFT為經濟部能量登錄電腦稽核與GRC(治理、風險管理與法規遵循)專業輔導機構，服務品質有保障

CERTIFIED TRAINING ICAEA
國際電腦稽核教育協會認證課程

利用CAATs進行資通安全作業查核

- 系統管理
  - 系統使用權限查核
  - 系統事件查核
  - 個人電腦查核
    （更新、密碼、分享、備份等）
- 資料庫管理
  - 存取授權與權限表查核
  - 備份控制查核
  - 資料實際存放安全性
- 網路、網際網路、電子商務
  - 網路安全查核（防火牆、各種封包查核、異常連線IP）
  - 員工使用網路情況
  - 網路交易查核
  - 高風險BEC電子商務郵件詐騙查核
- ERP系統
  - 權限控管查核
  - 流程控管查核
  - 備份查核
  - 績效查核
  - 資料庫查核

世界經濟論壇2023全球風險報告：大型網路犯罪與威脅列為前十大風險之一

世界經濟論壇《2023年全球風險報告》摘要整理

發表日期：2023-01-19 作者：世界經濟論壇 編譯：周至中 觀看：2,282 次

本文摘自：https://www.weforum.org/reports/global-risks-report-2023/digest

2023年全球風險報告

十大風險 未來2年及10年內的十大風險（依嚴重度排序）

WORLD ECONOMIC FORUM

	2年內	10年內
1	生活成本無法負荷	氣候變遷減緩失敗
2	自然災害及極端天氣事件	氣候變遷調適失敗
3	地緣經濟衝突	自然災害及極端天氣事件
4	氣候變遷減緩失敗	生物多樣性流失及生態系統失衡
5	社會凝聚力削弱及兩極化	大型非自願人口遷移
6	大型環境破壞事件	自然資源危機
7	氣候變遷調適失敗	社會凝聚力削弱及兩極化
8	大型網路犯罪及威脅	大型網路犯罪及威脅
9	自然資源危機	地緣經濟衝突
10	大型非自願人口遷移	大型環境破壞事件

風險類別：經濟、環境、地緣政治、社會、科技

來源 世界經濟論壇，2022-2023全球風險洞察報告

資料來源：https://tccip.ncdr.nat.gov.tw/km_abstract_one.aspx?kid=20230119104023

商業電子郵件詐騙大行其道，相關損失居網路詐騙首

FBI根據去年美國網路犯罪投訴案件資料發布調查報告，指出在各類詐騙手法中，以商業電郵詐騙（BEC）對受害者造成的損失金額最鉅，占所有網路犯罪不法所得的35%

文/ 陳曉莉 | 2022-05-05 發表

讚 54 分享

2021 Crime Types continued

By Victim Loss

Crime Type	Loss	Crime Type	Loss
BEC/EAC	$2,395,953,296	Lottery/Sweepstakes/Inheritance	$71,289,089
Investment	$1,455,943,193	Extortion	$60,577,741
Confidence Fraud/Romance	$956,039,740	Ransomware	*$49,207,908
Personal Data Breach	$517,021,289	Employment	$47,231,023
Real Estate/Rental	$350,328,166	Phishing/Vishing/Smishing/Pharming	$44,213,707
Tech Support	$347,657,432	Overpayment	$33,407,671

FBI指出，去年美國網路犯罪投訴案件中，以BEC詐騙、投資詐騙及愛情詐騙的損失金額占了前三大，分別是24億美元、15億美元及9.6億美元，占了所有網路犯罪財損的7成。（圖片來源 / FBI）

資料來源： 文/陳曉莉 | 2022-05-05發表, https://www.ithome.com.tw/news/150775

美國聯邦調查局（FBI）網路犯罪投訴中心（Internet Crime Complaint Center，IC3）本周公布了2021年的網路犯罪調查報告，顯示去年收到了84.7萬筆的投訴，比前一年增加7%，受害者的損失金額為69億美元。其中，商業電子郵件詐騙（Business Email Compromise，BEC）雖然在投訴數量排行榜上只位居第九，但損失金額卻高居首位，達24億美元，占所有去年網路犯罪損失金額的35%。

去年最多人投訴的網路犯罪行為為各種釣魚活動，總計收到32.4萬筆投訴；居次的則是沒收到貨款或沒收到商品的交易詐騙，收到逾8.2萬筆投訴；有5.2萬筆投訴與個資外洩有關。至於BEC詐騙則收到近2萬筆投訴，排名第九。

然而，在損失金額的排行榜上，前三名依序是BEC詐騙、投資詐騙及愛情詐騙，這三大類別分別損失了24億美元、15億美元及9.6億美元，光是它們就占了所有損失的7成。

FBI則特別針對BEC提出了警告，指出此類的詐騙活動專門鎖定負責合法轉帳的企業或個人，駭客會先透過社交工程或入侵行為來取得企業或個人的電子郵件憑證，特別是企業執行長或財務長，再要求員工匯款。

而這些款項主要匯至位於泰國、香港、中國、墨西哥及新加坡的銀行，也有愈來愈多的投訴被騙的是加密貨幣。

由於BEC詐騙的第一步就是假冒為可發號施令的對象並以其名義寄出詐騙電子郵件，使得FBI對此所提出的建議大多圍繞在保護自己的帳號，包括採用雙因素認證或小心郵件中的連結等。

資料來源：文/陳曉莉 | 2022-05-05發表, https://www.ithome.com.tw/news/150775

BEC 電子郵件詐騙

網路釣魚

網路釣魚(Phishing)通常是指企圖透過電子誘餌(如電子郵件、通訊軟體等)來獲得你個人資訊以竊取你的身份認證。大多數網路釣魚會企圖讓自己看起來像是一般行為，實際上卻是用於犯罪活動。

網絡釣魚種類

Phishing
一般網路釣魚
無特定目標廣撒式發送
願者上鉤

Spear phishing
魚叉式網路釣魚
針對特定對象
進階持續性滲透攻擊 APT 常見手法

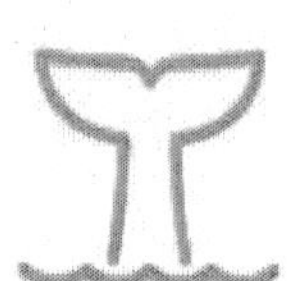

Whaling
鯨釣
針對高價值商業目標
商業電子郵件入侵 (BEC) 的前身

(資料來源：Softnext, https://www.softnext.com.tw/solution_01.html)

JCAATs-AI Audit Software
Copyright © 2023 JACKSOFT.

BEC詐騙案後損失的處裡

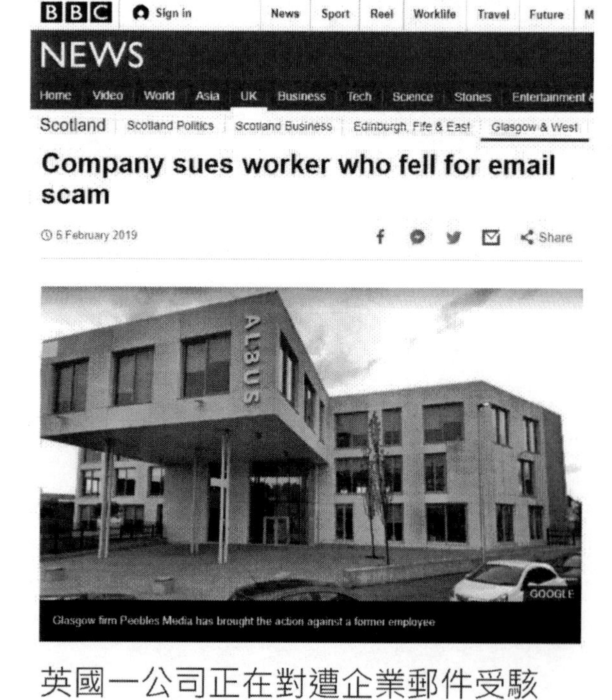
BBC Sign in News Sport Reel Worklife Travel Future

NEWS

Home Video World Asia UK Business Tech Science Stories Entertainment

Scotland Scotland Politics Scotland Business Edinburgh, Fife & East Glasgow & West

Company sues worker who fell for email scam

5 February 2019

Share

Glasgow firm Peebles Media has brought the action against a former employee

英國一公司正在對遭企業郵件受駭(BEC)詐騙的前員工提告求償10.8萬英鎊。

差一字！國銀居家辦公遭詐騙近千萬 客戶損失銀行承擔

今日新聞NOWnews
記者顏真真/台北報導
2020年5月7日 下午7:41

臺銀海外分行爆發商業電郵詐騙千萬，臺銀列為人為疏失，金管會要求加強控管

台銀洛城分行居家辦公遇詐 差1字母45萬美元飛了

2020/05/08 05:30

居家辦公遭詐騙 台銀洛杉磯分行損失數十萬美元

十萬美元，根據查
安意識，檢查系統
方式，遭詐騙數十
址與另名客戶實際
理匯款，分行上班
察局報案，現正配
發後，已立即補強
，也一定要落實相
導後續處理，配合
不容易，提醒要更

資料來源： https://www.youtube.com/watch?v=L0GURFbg7qM

變臉詐騙/商務電子郵件詐騙

（Business Email Compromise，BEC）：

手法一：透過偽造的郵件、電話或傳真要求匯款給另一個詐騙用帳戶

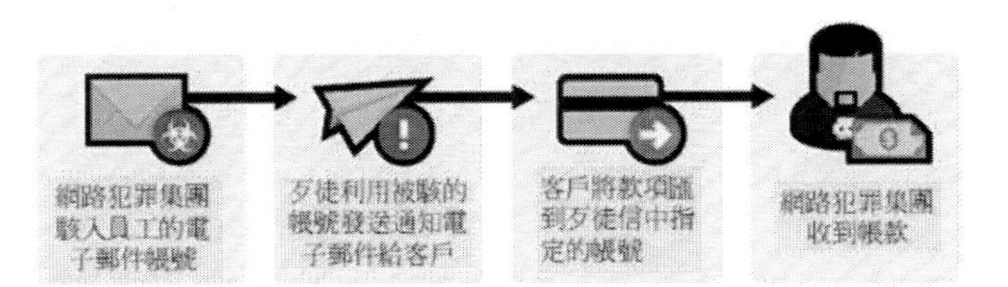

Whaling
鯨釣
針對高價值商業目標
商業電子郵件入侵（BEC）的前身

手法二：詐騙者自稱為高階主管（CFO、CEO、CTO）、律師或其他類型的法定代表

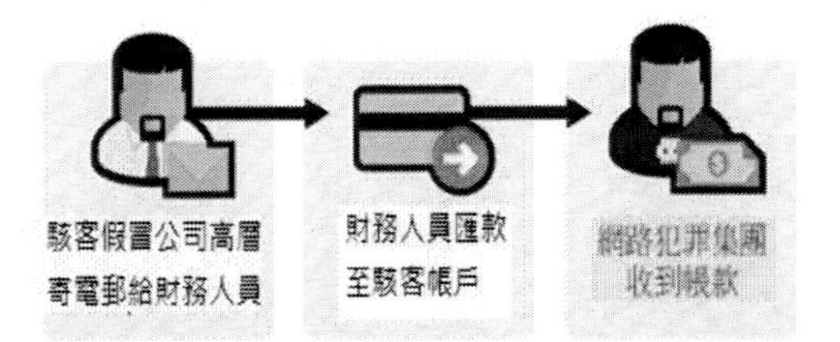

手法三：駭客入侵員工的電子郵件帳號要求付款

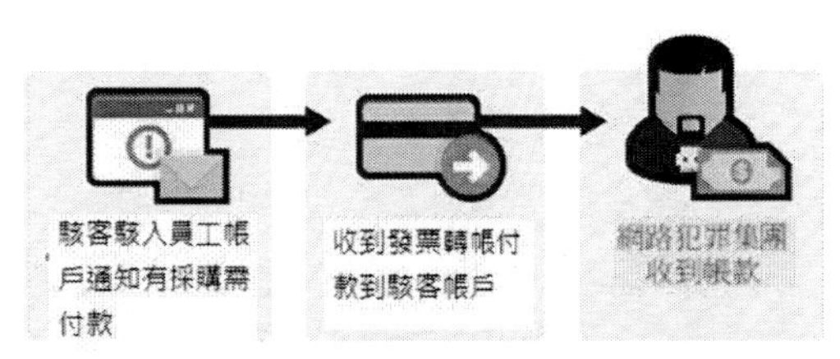

（資料來源：趨勢科技、Security 101）

變臉詐騙的手法

❖**BEC 變臉詐騙**往往從攻擊者入侵企業高階主管郵件帳號或任何公開郵件帳號開始。通常經由鍵盤側錄惡意軟體或網路釣魚（Phishing）手法達成，攻擊者會建立類似目標公司的網域或偽造的電子郵件來誘騙目標提供帳號資料

❖在監控受駭電子郵件帳號時，詐騙者。會試著找出具有進行轉帳及要求轉帳的使用者

❖詐騙者通常會進行相當的研究，尋找財務高階主管變動的公司，高階主管正在旅行的公司或是進行投資人電話會議來製造機會以進行騙局。

❖有別於一些仰賴高深技術的手法，**變臉詐騙**利用的是社交工程伎倆與人性的弱點。

國際變臉詐騙實務案例

國際的受騙狀況

商業詐欺電子郵件

根據聯邦調查局（FBI）網絡犯罪投訴中心（IC3）2019 的年度報告，在2019年期間，BEC攻擊造成了17.7億美元的損失，FBI還在2019年9月發布了新聞稿，報導了所有50個州和177個國家的案例，聯邦調查局還宣佈在前三年期間，全球BEC損失超過260億美元。

June 2016 and July 2019:

Domestic and international incidents:	166,349
Domestic and international exposed dollar loss:	$26,201,775,589

The following BEC/EAC statistics were reported in victim complaints to the IC3 between **October 2013 and July 2019:**

Total U.S. victims:	69,384
Total U.S. exposed dollar loss:	$10,135,319,091
Total non-U.S. victims:	3,624
Total non-U.S. exposed dollar loss:	$1,053,331,166

The following statistics were reported in victim complaints to the IC3 between **June 2016 and July 2019:**

Total U.S. financial recipients:	32,367
Total U.S. financial recipient exposed dollar loss:	$3,543,308,220
Total non-U.S. financial recipients:	14,719
Total non-U.S. financial recipient exposed dollar loss:	$4,843,767,489

光是2020年3月武漢肺炎疫情期間，美國FBI旗下的網路犯罪投訴中心（IC3）就收到超過1,200筆與武漢肺炎有關的BEC詐騙投訴，FBI則呼籲企業應該留意商業電子郵件的詐騙。

(資料來源：IC3, https://www.ic3.gov/media/2019/190910.aspx)

國內企業電子郵件詐騙統計

BEC案件中的受害者一旦遭騙，金額常常直接匯往海外，若是帳戶所在國與台灣沒有司法互助，就難以追查。 刑事警察局統計，自2016~2018年，企業電子郵件詐騙件數分別是61、53、67件，2019年上半年約有36件，但陳詰昌表示，實際案件數恐怕要更高。

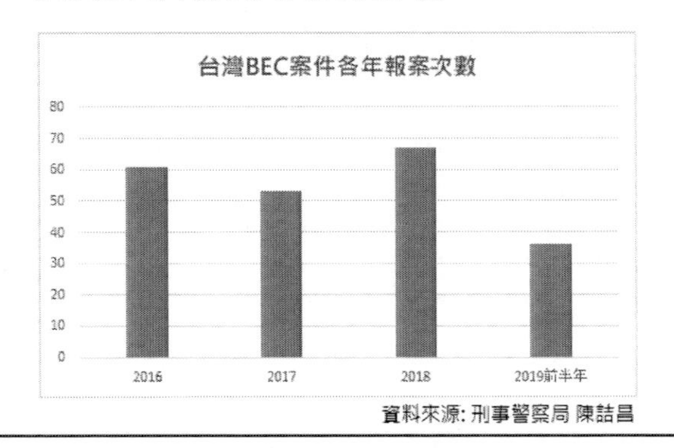

資料來源: 刑事警察局 陳詰昌

經濟日報

商業電子郵件詐騙 台灣受攻擊次數北亞最多

2020-04-21 11:23 經濟日報 記者蕭君暉／即時報導

Palo Alto Networks威脅情報小組公布，來自奈及利亞駭客組織SilverTerrier的商業電子郵件（BEC）調查報告。根據美國聯邦調查局（FBI）旗下的網路犯罪投訴中心（IC3）最近發布的網路年度報告，過去一年中BEC詐騙攻擊造成了17.7億美元的損失，成為受害者損失最慘重的手法，這數據讓網路戀愛詐騙、身份盜用、信用卡詐欺、網絡釣魚和勒索軟體等事件，顯得相形失色。

在2019 年中，發生在台灣與SilverTerrier相關的攻擊事件，共發現1,747個樣本和38,270次攻擊，在Palo Alto Networks定義的北亞地區包括日本、中國、香港、南韓中受到攻擊的次數為最多的市場。

Palo Alto Networks發現SilverTerrier駭客鎖定目標是毫不留情的，與前年相比數據顯示，自去年6月紀錄了245,637個BEC攻擊峰值之後，2019年平均每月紀錄了92,739個BEC攻擊。

與2018年相比，這一數字增長了172%，一旦入侵這些網路後，該組織最常見的攻擊工具是竊取信息的惡意軟體工具（Information Stealers）和遠程管理工具（RAT）。

攻擊針對所有行業領域，包括小型到大型企業、醫療保健組織，甚至是地方和聯邦政府機構。排名前五的產業，分別為高科技產業、專業法律服務、製造業、教育業、批發和零售業。

透過研究傳遞方式，Palo Alto Networks發現97.8%的攻擊利用電子郵件的網路傳輸通訊協定，達到目標網路，因此使用能夠評估通過這些協議、進入公司網路內容的資安解決方案，更顯得重要。

近年國外案例

「你本週被搜尋8次」 這是詐騙郵件！ LinkedIn求職平台遭駭客冒用NO.1

2022/07/27 05:35
文 / 記者劉惠琴

新聞

企業財務負責人員當心！ 冒充高層或客戶的郵件詐騙

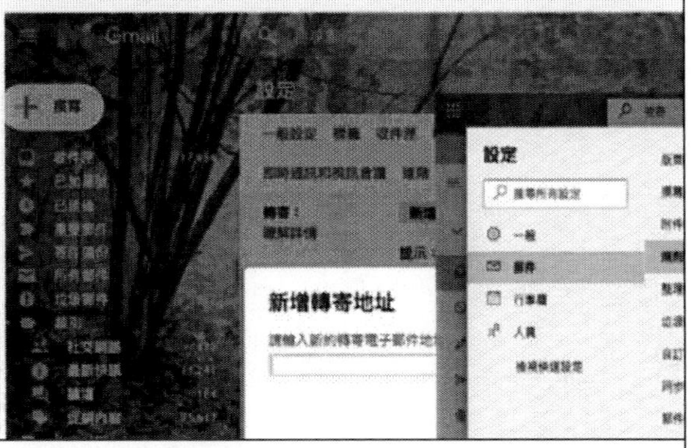

串謀詐騙建築公司逾9萬元 紐約兩華裔被捕

成立假律師事務所 偽造律師聘請協議 與公司內鬼合夥偷錢

近年國內案例

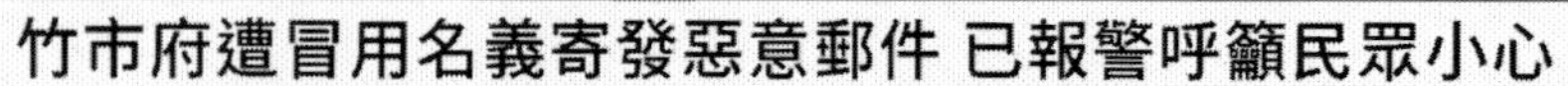
竹市府遭冒用名義寄發惡意郵件 已報警呼籲民眾小心

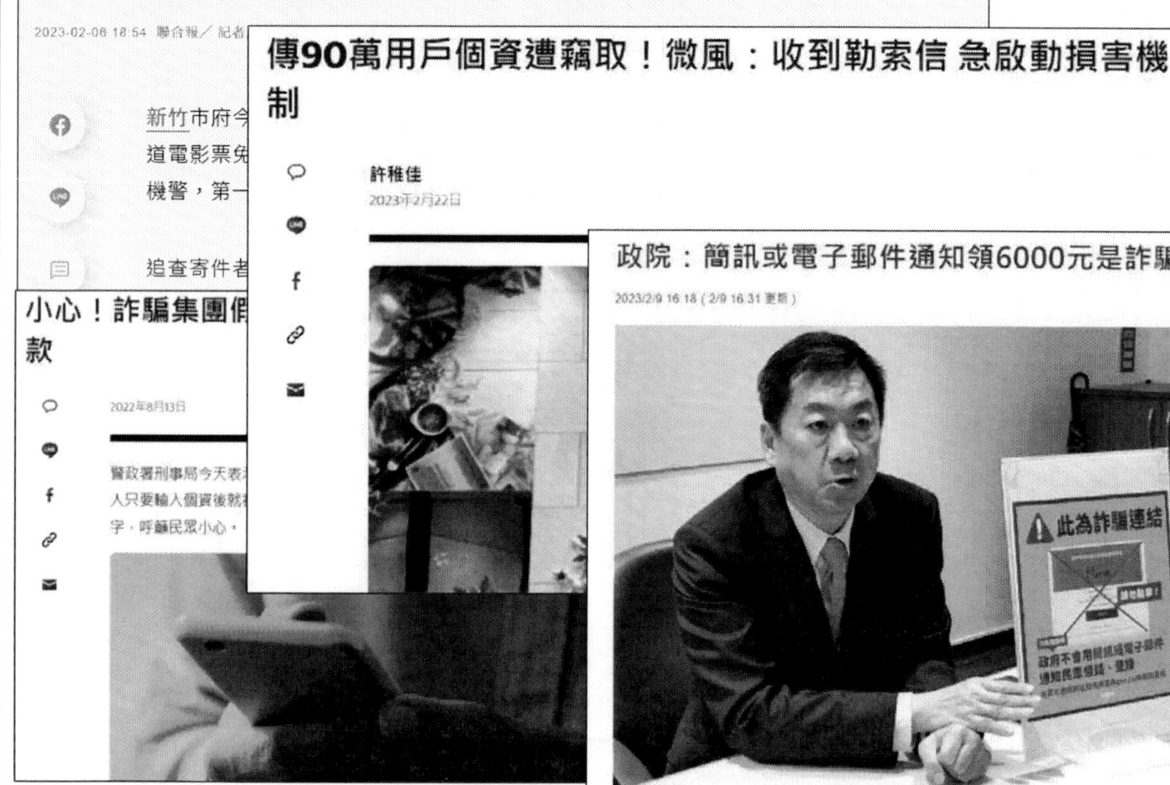
2023-02-08 18:54 聯合報／記者

新竹市府今

道電影票免

機警，第一

追查寄件者

傳90萬用戶個資遭竊取！微風：收到勒索信 急啟動損害機制

許稚佳

2023年2月22日

小心！詐騙集團假

款

2022年8月13日

警政署刑事局今天表

人只要輸入個資後就

字，呼籲民眾小心。

政院：簡訊或電子郵件通知領6000元是詐騙

2023/2/9 16:18（2/9 16:31 更新）

行政院發言人陳宗彥9日說明，有詐騙信件以普發現金6000元的名義騙取個資，請民眾多注意。中央社記者賴于榛攝 112年2月9日

常見電子郵件詐騙防範方式

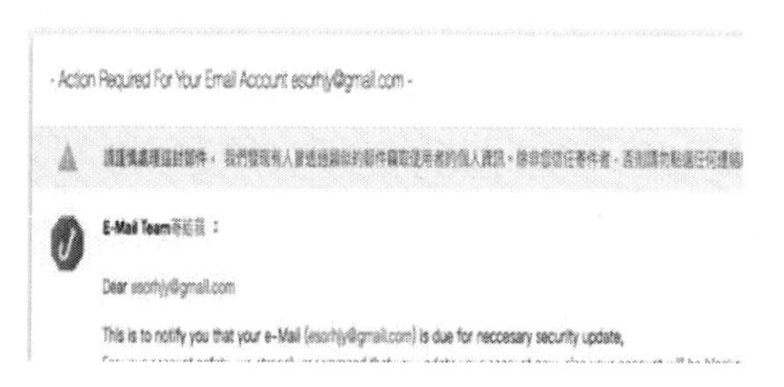

人為防範

識別郵件標題、確認寄件者電子郵件地址、聯繫寄件者確認等

自動判別

由常見的垃圾郵件內容、郵件是否來自曾寄送其他垃圾郵件的帳戶或 IP 位址、例如：許多人同時將來自某位寄件人的郵件回報為垃圾郵件，來建立判定異常規則

智慧判別

要阻止 BEC 變臉詐騙攻擊者成功部署上述手段，必須有先進的資安解決方案，使用人工智慧 (AI) 及機器學習來防禦 BEC

這些判定規則大多是針對大量發送的電子郵件，
故對於商業上之特殊詐騙郵件，攔截效果精準度不高。

ICAEA 國際電腦稽核教育協會 對BEC查核的警示

BEC詐騙問題並無銀色子彈可以解決(No Silver Bullet for BEC scam)，許多的 BEC攻擊可以成功都是由於企業缺少內控與承辦人員便宜行事，因此企業應加強電子郵件的內控與稽核作業。

- 財會人員太仰賴防毒軟體而便宜行事，輕忽內部控制程序。
- 稽核人員普遍無電子郵件稽核的職能，因此未進行此方面的查核作業。
- 許多的爭議來至於內部稽核未進行電子郵件稽核作業而僅仰賴非稽核的科技。

- 稽核人員需要具備Cyber Security 的查核職能。
- CAATs 可以協助稽核人員進行文字分析，快速地進行email稽核作業。
- 供應鏈間應建立協同合作的電子郵件稽核作業，來進行聯合防禦BEC。

4 我們是否了解文字的行為?

Can You Read This?
(你有讀出下列英文句子嗎?)

It deosn't mttaer in waht oredr the ltteers in a wrod are, the olny iprmoetnt tihng is taht the frist and lsat ltteer be at the rghit pclae.

Data Source： *Richard B. Lanza*, 2016, Blazing a trail for the Benford's Law of words

字母詐騙

電子郵件	說明
vorgan@europe.com vorgan@eur0pe.com	大/小寫 O/o ➡ 數字0
advice@email.microsoft.com advice@email.rnicrosoft.com	小寫m ➡ rn
john@linebank.com john@Iinebank.com	l (小寫L) ➡ I (大寫I)
david@linebank.com john@line6ank.com	6 (數字6) ➡ b (小寫B)

電子郵件中的：
6 (數字6) 和b (小寫B) ，
0 (數字0) 和O (大寫O) /o(小寫 O)，
小寫m 和 rn等，
都可能會因為疏忽而導致錯誤發生。

ISO 27001國際資安管理制度：2022年10月25日公告第三版

國際標準組織（ISO）今年10月25日公告第三版ISO/IEC 27001：2022國際資安管理制度，距上次改版（2013年）時隔九年。新的版本呼應今年2月15日ISO 27002改版，從**資訊安全（Information Security）**面向延伸至**網宇安全（Cybersecurity）**及**隱私保護（Privacy protection）**，並從原本14個控制領域，**改為以四大控制主題（組織、人員、實體與技術）闡述管控重點，涵蓋93項控制措施**。

本次新版ISO 27001最大的改變是將原本的35個控制目標，共114項控制措施濃縮、匯集成82項，再因應當前技術演變，額外增加11項，一共整合成93項控制措施，再依照其屬性，將這93項控制措施區分至上述四大控制主題中。值得關注的是，新增11項控制措施中，共有7項是屬於技術控制面。

參考資料來源：https://www.informationsecurity.com.tw/article/article_detail.aspx?aid=10194
資安人2022 / 12 / 02專訪：SGS 談ISO/IEC 27001改版企業因應措施

ISO 27001新增11項控制措施

- 威脅情報（Threat Intelligence）
- 雲端服務的資訊安全
（Information Security For use of Cloud Services）
- 持續營運之資通訊整備
（ICT Readiness For Business Continuity）
- 實體安全監控（Physical Security Monitoring）
- 組態管理（Configuration Management）
- 資訊刪除（Information Deletion）
- 資料遮罩（Date Masking）
- 防範資料外洩（Date Leakage Prevention）
- 活動監控（Monitoring Activities）
- 網站安全防護（Web Filtering）
- 程式開發安全（Secure Coding）

參考資料來源：
https://www.jsconsulting.com.tw/iso-27001-2022/

JCAATs-AI Audit Software

新版ISO 27001新增重要控制措施

新增的控制措施中較為重要的部分：

- 首先是「組織控制主題」中新增的「**威脅情資**」，即**企業、組織需收集、分析與資訊安全威脅相關的資訊後產出威脅情資，以便組織後續採取適當的因應作為**。
- 是相同控制主題的「**使用雲服務之資訊安全**」，當前許多企業的服務與資料都上雲端，**對於使用雲服務時應釐清與管理雲服務之資訊安全部分**，**ISO 27001新版亦增加相關控制措施**。
- 協助組織管理運營持續運作等**資通訊科技（ICT）工具相關**規範，例如常見的**Teams**、**Webex與Zoom等視訊會議工具**，也**增添於新版規範的「組織控制主題」中**。

參考資料來源：https://www.informationsecurity.com.tw/article/article_detail.aspx?aid=10194
資安人2022 / 12 / 02專訪：SGS 談ISO/IEC 27001改版企業因應措施

新版ISO 27001新增重要控制措施

- 新版ISO 27001的「實體控制主題」中，除了過往舊版對於實體進入控制措施有所要求外，新版還進一步要求應進行「持續的實體環境監控」，**偵測與嚇阻未經授權實體存取**。
- 其他舊版ISO 27001較無提及的部分是**「技術控制主題」中的組態管理**。這部分要求企業組織從幾個面向決定其組態是否正確，如硬體、軟體、服務與網路之相關組態，彼此間運作必須正確，確保資訊與服務正常穩定的運作。
- 另一項新的控制措施，就是**「技術控制主題」中是針對敏感資料的資料遮罩要求**。企業組織之端點可能是造成資料外洩的其中一種管道，如何在端點即做好防護，也是新版規範重點之一。另外，也為了避免此種敏感性資料之暴露，同時遵循相關法令、法規之要求，新版亦對資訊刪除相關控制措施有所規範。

參考資料來源：https://www.informationsecurity.com.tw/article/article_detail.aspx?aid=10194
資安人2022 / 12 / 02專訪：SGS 談ISO/IEC 27001改版企業因應措施

新版ISO 27001新增重要控制措施

- **「監視活動」也納入新版控制措施**，單位組織需進行監視，確認內部應用與系統是否有發生異常活動、網站是否需進行過濾、撰寫的程式原始碼是否安全等，以避免潛在風險。

從新增的11項控制措施，可看出國際標準組織因應近期發生的資安問題，希冀企業組織在面對不斷演化的資安威脅時，應從更多面相來強化組織的資安管控。

參考資料來源：https://www.informationsecurity.com.tw/article/article_detail.aspx?aid=10194
資安人2022 / 12 / 02專訪：SGS 談ISO/IEC 27001改版企業因應措施

新版因應近期資安狀況

- 依據行政院2022年6月提出的
  「110年國家資通安全情勢報告」內容，
  進階持續性滲透攻擊（Advanced Persistent Threat，APT
  ）
  是近期常見的網路攻擊型態，當爆發出來時，往往已在組織內蟄伏幾個月，甚至幾年。光用現行的偵測機制或一些矯正作法，已不足以應付。此外，透過社交工程或釣魚信件所造成之隱私資料外洩，更是近年來常見的滲透攻擊手法，也是組織單位實際會面臨的情況。
- 對於上述情況，舊版ISO 27001並未對此詳加規範，
  直至本次新版修訂才更臻完整，企業組織或需先行了解這些控制措施之目標與具體要求，才有辦法了解如何滿足新版規範。

參考資料來源：https://www.informationsecurity.com.tw/article/article_detail.aspx?aid=10194
資安人2022 / 12 / 02專訪：SGS 談ISO/IEC 27001改版企業因應措施

資通安全管理法2019年1月正式實施

資通安全管理法(以下簡稱資安法)於107年5月11日立法院完成三讀，107年6月6日由總統公布,依據資安法第7條第1項，訂定「資通安全責任等級分級辦法」，並於107年11月21日公告。該辦法明定各機關應依附表之規定，辦理其資通安全責任等級應辦事項。

施行前

- 國家資通安全通報應變作業綱要 105.8.24
- 資訊系統分級與資安防護基準作業規定 104.7.29
- 政府機關(構)資通安全責任等級分級作業規定 104.1.20
- 行政院及所屬各機關資訊安全管理規範 88.11.16
- 行政院及所屬各機關資訊安全管理要點 88.9.15

➢ 屬行政命令位階，僅係上級機關對下級機關，規範機關內部秩序及運作，非直接對外發生法規範效力，對非公務機關並無強制力。

施行後

- 資安法+6項子法
  - 資通安全管理法施行細則
  - 資通安全責任等級分級辦法
  - 資通安全事件通報及應變辦法
  - 特定非公務機關資通安全維護計畫實形情形稽核辦法
  - 資通安全情資分享辦法
  - 公務機關所屬人員資通安全事項獎懲辦法

➢ 由過去行政命令位階提高法令之位階。針對納管機關有一致化、標準化之規範。
➢ 增加罰則之規定。
公務機關->懲處
特定非公務機關 ->罰緩

「公開發行公司建立內部控制制度處理準則」，第9條之1及第47條當中，明訂上市櫃公司2022年起需設置資安長，以及資安專責單位。

第 9 條　公開發行公司使用電腦化資訊系統處理者，其內部控制制度除資訊部門與使用者部門應明確劃分權責外，至少應包括下列控制作業：

一、資訊處理部門之功能及職責劃分。

二、系統開發及程式修改之控制。

三、編製系統文書之控制。

四、程式及資料之存取控制。

五、資料輸出入之控制。

六、資料處理之控制。

七、檔案及設備之安全控制。

八、硬體及系統軟體之購置、使用及維護之控制。

九、系統復原計畫制度及測試程序之控制。

十、資通安全檢查之控制。

十一、向本會指定網站進行公開資訊申報相關作業之控制。

第 9-1 條　1　公開發行公司應配置適當人力資源及設備，進行資訊安全制度之規劃、監控及執行資訊安全管理作業。符合一定條件者，本會得命令指派綜理資訊安全政策推動及資源調度事務之人兼任資訊安全長，及設置資訊安全專責單位、主管及人員。

2　前項一定條件，由本會定之。

資安長與資安專責單位設立時程表：
第一級公司：2022年底前
第二級公司：2023年底前
第三級公司：鼓勵設置

分級標準	資安單位暨人力編制	實施時程
第一級： 符合下列條件之一者： 資本額100億元以上 前一年底屬臺灣50指數成分公司 藉電子方式媒介商品所有權移轉或提供服務（如電子銷售平台、人力銀行等）收入占最近年度營業收入達80%以上，或占最近二年度營業收入達50%以上者	應設資安長及設置資安專責單位（包含資安專責主管及至少2名資安專責人員）	111年底設置完成
第二級： 第一級以外之上市（櫃）公司，最近三年度之稅前純益未有連續虧損，且最近年度財務報告每股淨值未低於面額者。	資安專責主管及至少1名資安專責人員	112年底設置完成
第三級 第一級以外上市（櫃）公司，最近3年度稅前純益有連續虧損，或最近年度每股淨值低於面額。	至少1名資安專責人員	鼓勵設置

建構內控三道防線的有效防禦

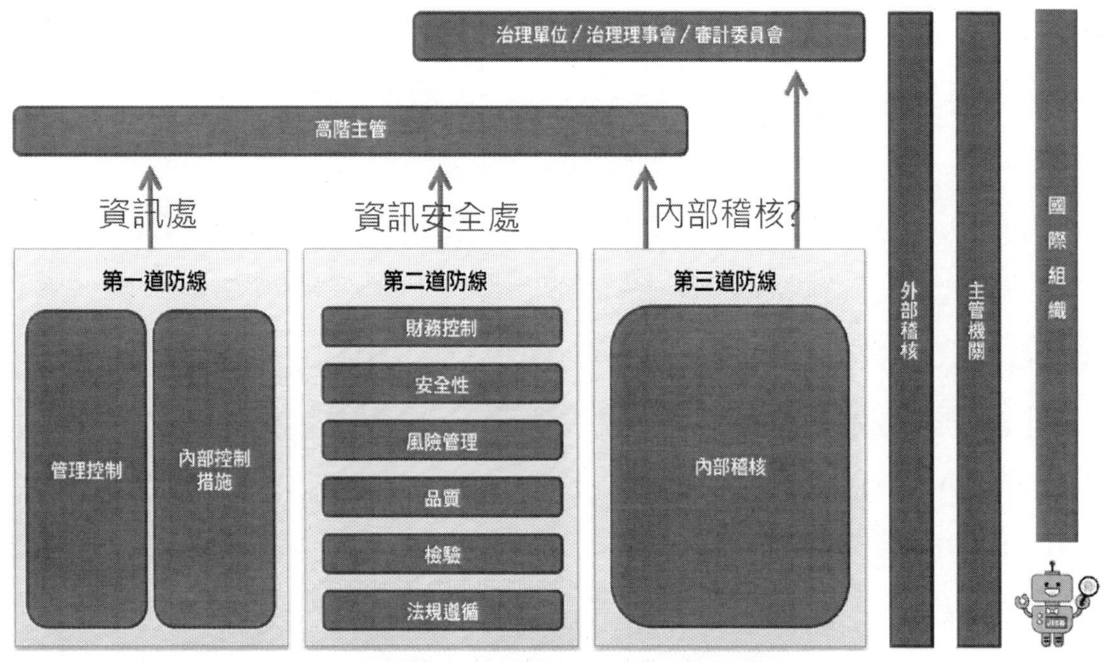

國際內部控制與內部稽核

資料來源： IIA

持續性內控風險評估應用應擴大到組織各層面

九大IT稽核準備步驟：

1.Identify and assess IT risks
(辨別和評估IT風險)

2.Identify control objectives
(辨別控制目標)

3.Map control objectives to a master control framework library
(將控制目標與主要控制作業架構進行配對)

4.Plan, scope and stress test micro risks with control objectives
(控制目標規劃、界定範圍
和加強整體風險壓力測試)

Galvanize，9 Steps to IT Audit Readiness
https://info.wegalvanize.com/IT-Audit-Readiness_LP.html

九大IT稽核準備步驟：

5. Assess effectiveness of existing controls
(評估現有控制的有效性)
6. Capture, track and report deficiencies
(捕捉，追蹤和報告控制弱點)
7. Monitoring and automated testing of controls
(自動化持續性監控與控制測試)
8.Flag exceptions：review ,investigate,remediate
(紅旗異常標示：檢查、調查與改正)
9.Ongoing improvement of control and monitoring processes
(持續改進控制和監控作業過程)

AI時代的稽核分析工具

Structured Data 

Unstructured Data

An Enterprise

New Audit Data Analytic =

Data Analytic + Text Analytic + Machine Learning

Source: ICAEA 2021

Data Fusion： 需要可以快速融合異質性資料提升資料品質與可信度的能力。

電腦輔助稽核技術(CAATs)

- **稽核人員角度**所設計的通用稽核軟體，有別於以資訊或統計背景所開發的軟體，以資料為基礎的Critical Thinking(批判式思考)，**強調分析方法論**而非僅工具使用技巧。
- 適用不同來源與各種資料格式之檔案匯入或系統資料庫連結，其特色是強調有科學依據的抽樣、資料勾稽與比對、檔案合併、日期計算、資料轉換與分析，**快速協助找出異常**。
- 由傳統大數據分析 **往 AI人工智慧智能分析發展**。

C++語言開發
付費軟體
Diligent Ltd.

以VB語言開發
付費軟體
CaseWare Ltd.

以Python語言開發
免費軟體
美國楊百翰大學

JCAATs-
AI稽核軟體
--Python Based

Audit Data Analytic Activities

ICAEA 2022 Computer Auditing:
The Forward Survey Report

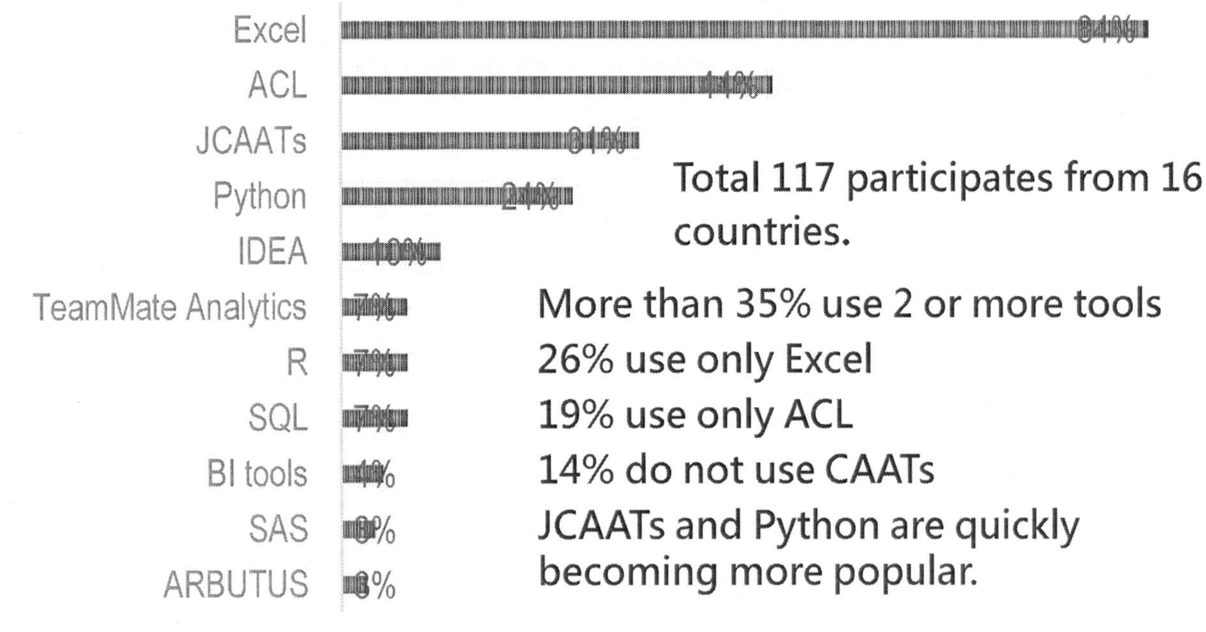

JCAATs 1.0：2017 London, UK

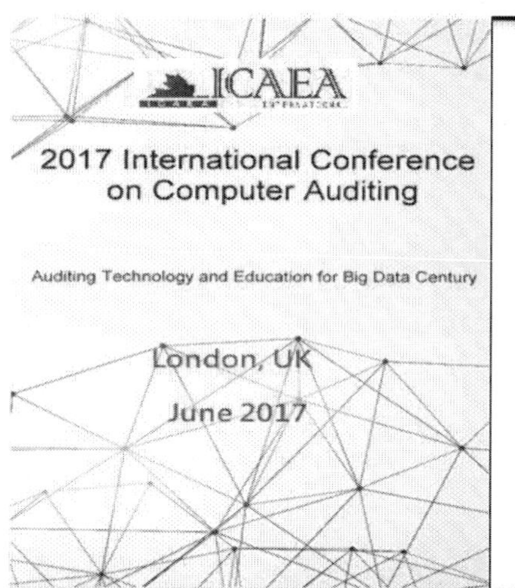

J-CAATs: A CLOUD DATA ANALYTIC PLATFORM FOR AUDITORS

JCAATs 3- 超過百家使用口碑肯定

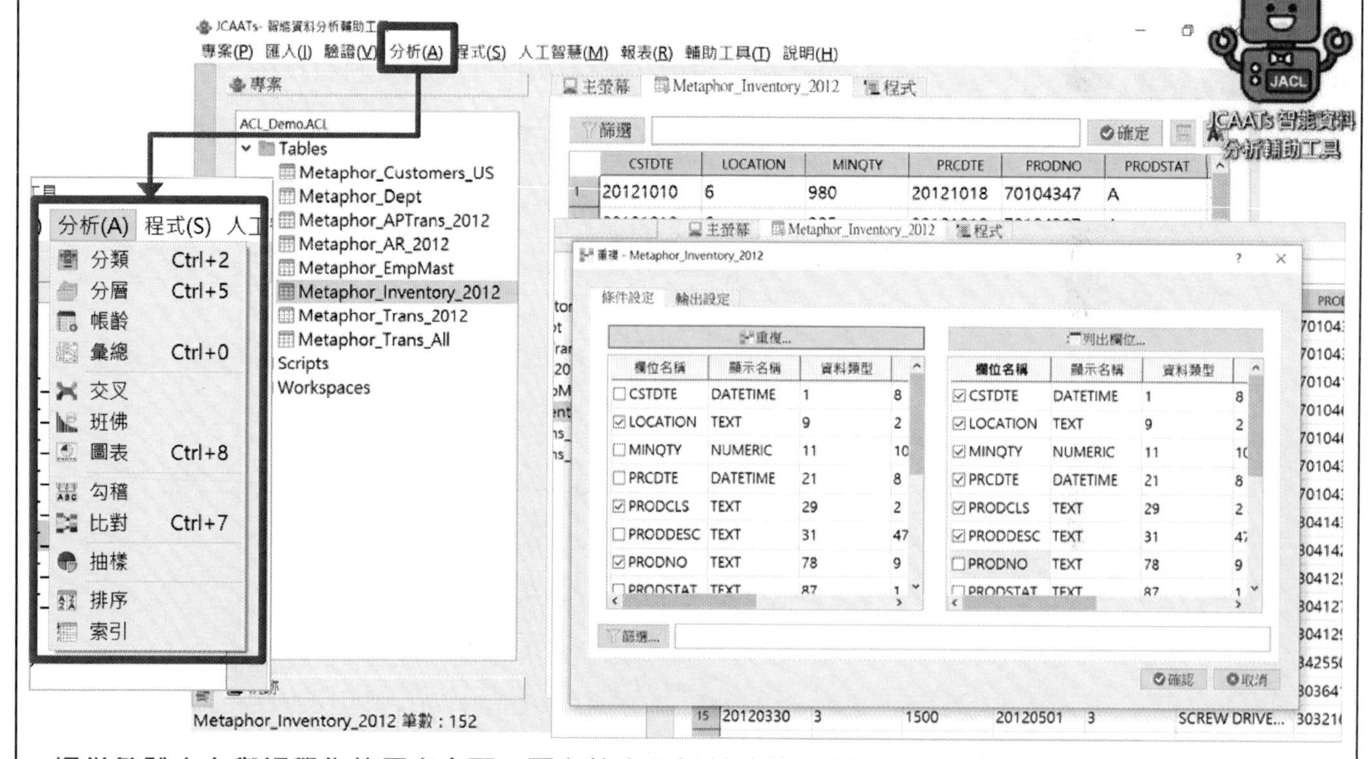

提供繁體中文與視覺化使用者介面，更多的人工智慧功能、更多的文字分析功能、更強的圖形分析顯示功能。目前JCAATs 可以讀入 ACL專案顯示在系統畫面上，進行相關稽核分析，使用最新的JACL 語言來執行，亦可以將專案存入ACL，讓原本ACL 使用這些資料表來進行稽核分析。

JCAATs為 AI 語言 Python 所開發新一代稽核軟體，**遵循AICPA稽核資料標準**，具備傳統電腦輔助稽核工具(CAATs)的**數據分析功能**外，更**包含許多人工智慧功能**，如**文字探勘**、**機器學習**、**資料爬蟲**等，讓稽核分析更加智慧化，**提升稽核洞察力**。

JCAATs功能強大且易於操作 ，可分析大量資料，**開放式資料架構**，可與**多種資料庫**、**雲端資料源**、**不同檔案類型**及**ACL 軟體**等介接，讓稽核資料收集與融合更方便與快速。**繁體中文與視覺化使用者介面**，不熟悉 Python 語言稽核或法遵人員也可透過**介面簡易操作**，輕鬆產出 Python 稽核程式，並可與廣大免費開源 Python 程式資源整合，讓**稽核程式具備擴充性和開放性**不再被少數軟體所限制。

JCAATs 人工智慧新稽核

Through JCAATs Enhance your insight
Realize all your auditing dreams

繁體中文與視覺化的使用者介面

Run both on Mac and Windows OS

Modern Tools for Modern Time

JCAATs AI人工智慧新稽核

離群分析
集群分析
學 習
預 測
趨勢分析

資料融合
多檔案一次匯入
ODBC資料庫介接
OPEN DATA 爬蟲
雲端服務連結器
SAP ERP

JCAATs

文字探勘
模糊比對
模糊重複
關鍵字
文字雲
情緒分析

視覺化分析
資料驗證
勾稽比對
分析性複核
數據分析
大數據分析

JACKSOFT為經濟部技術服務能量登錄AI人工智慧專業訓練機構
JCAATs軟體並通過AI4人工智慧行業應用內部稽核與作業風險評估項目審核

智慧化海量資料融合

人工智慧文字探勘功能

稽核機器人自動化功能

人工智慧機器學習功能

國際電腦稽核教育協會線上學習資源

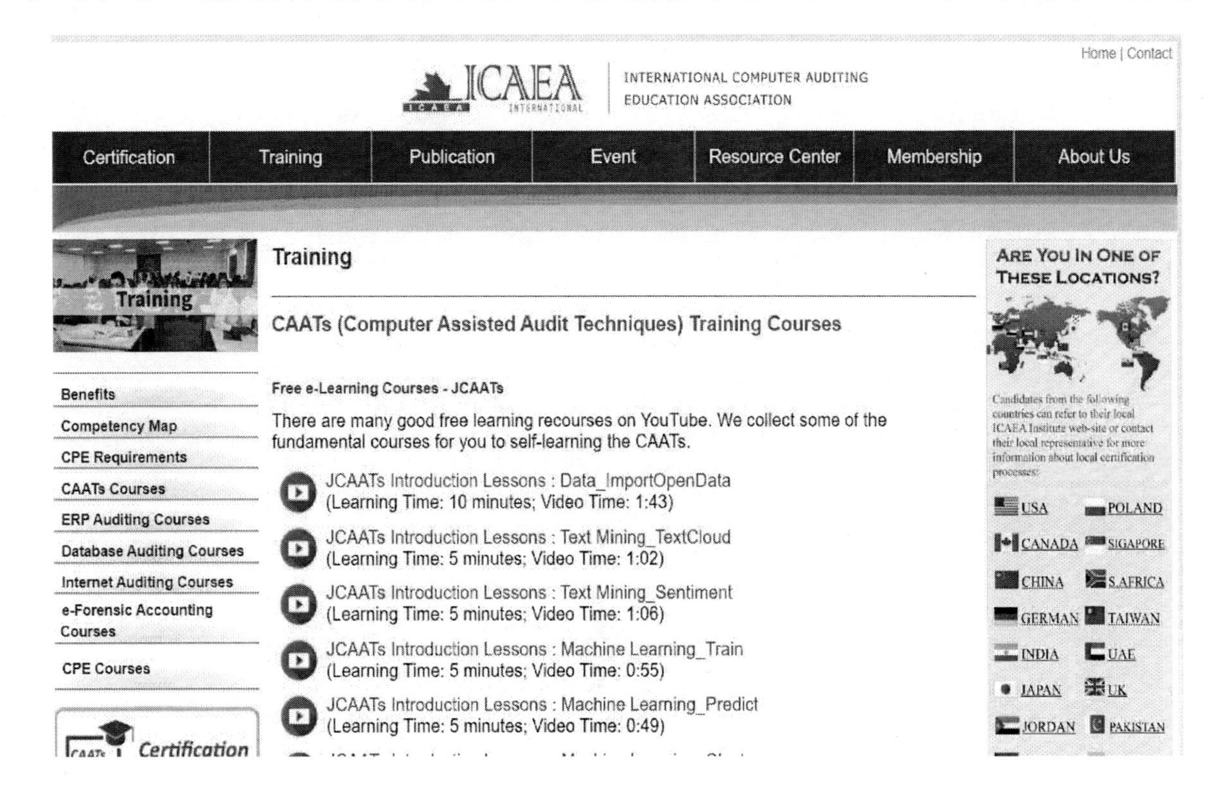

https://www.icaea.net/English/Training/CAATs_Courses_Free_JCAATs.php

AICPA美國會計師公會稽核資料標準

資料來源:https://us.aicpa.org/interestareas/frc/assuranceadvisoryservices/auditdatastandards

AI人工智慧新稽核生態系

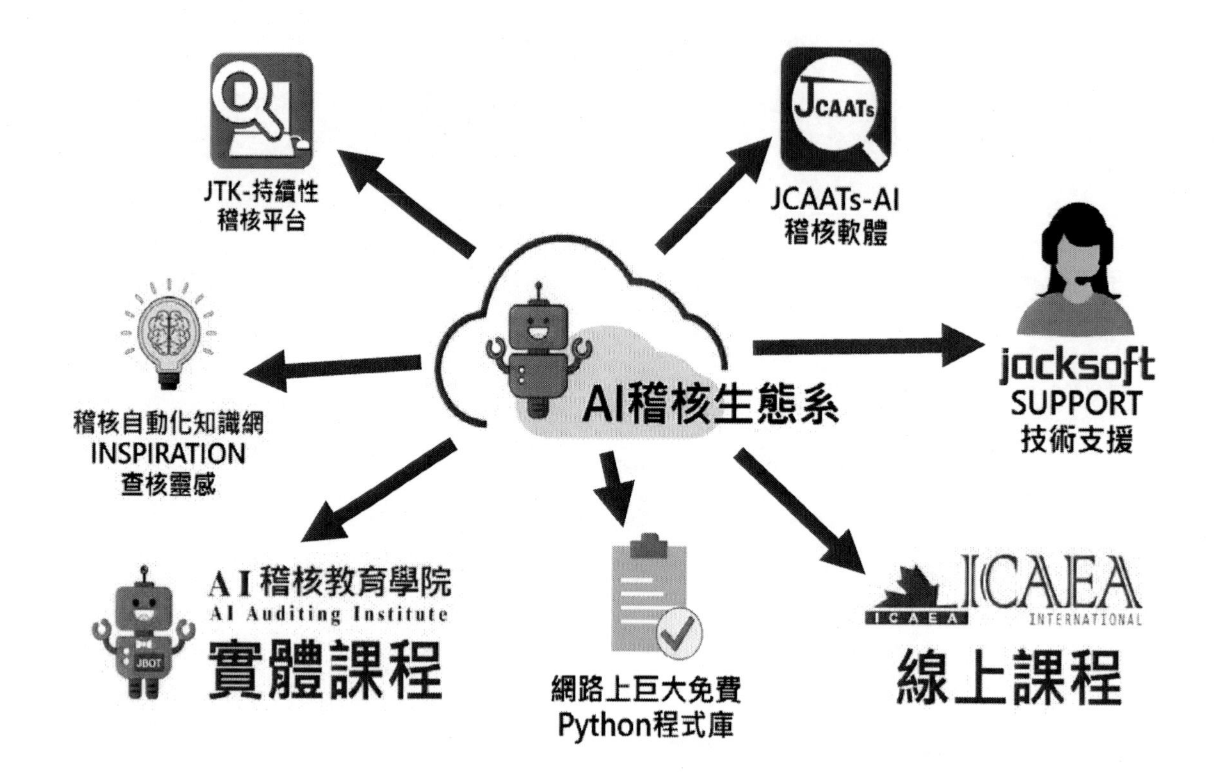

使用Python-Based軟體優點

- 運作快速
- 簡單易學
- 開源免費
- 巨大免費程式庫
- 眾多學習資源
- 具備擴充性

查核武功秘笈- 高風險關鍵字大法

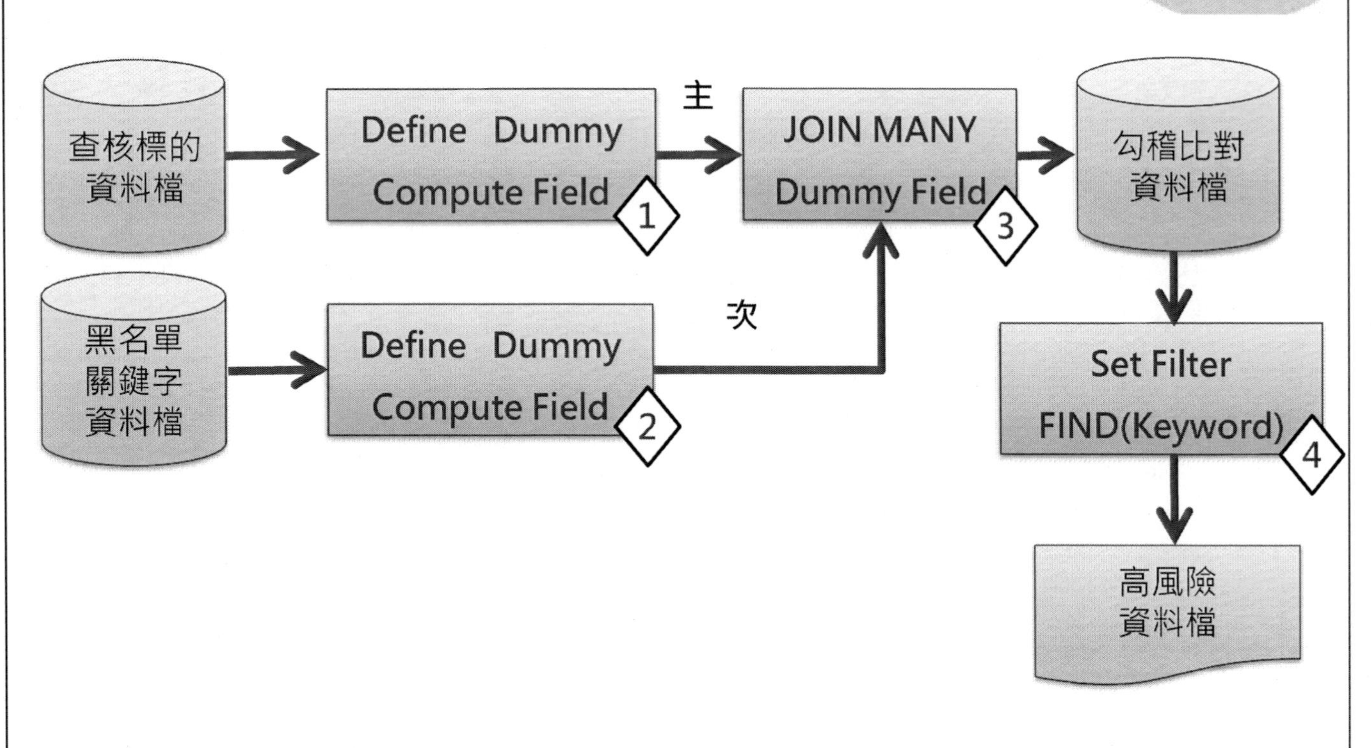

CAATs查核大法：Keyword或黑名單勾稽比對分析

- 用一個快速和搜尋大量的自由格式文字檔的方式來識別可疑交易，例如描述字段，黑名單或紅旗警示關鍵字。而哪些關鍵字是值得標示的，往往一行業的特性，有幾種通用要留意的，如「錯誤」，「調整」，「返回」等。
- 如果你第一次運用關鍵字搜索，有可能你的名單將是相當小的，但組織制定包含數千個黑名單或紅旗警示關鍵字是很常見的。
- 一些國際組織與專家也在網路上公開許多參考的名單。

黑名單關鍵字的實務應用：

關鍵字搜索可以使用在許多相關作業：

- ❖出差或交際費等費用開銷：查核旅遊，娛樂，採購卡等，我們可以搜索費用說明可疑的關鍵字。
- ❖資訊安全查核/個資遵循等：其中包含了weblog、email log等文件分析，我們可以搜索關鍵字，來查核員工進行非業務相關的高風險網站活動或寄送個資等。
- ❖公文簽核等：如果特定的簽核文字或人員，我們可以進一步縮小搜索這個報告的問題。

這些可能是無止境的，我希望你可以在這裡學到有效的關鍵字搜尋的方法。

| AI Audit Expert

比對Join 、Many-To-Many、模糊重複(FuzzyDuplicate)、彙總(Summarize)等指令及@find()等進階函式應用

比對 (Join)指令使用步驟

1. 決定比對之目的
2. 辨別比對兩個檔案資料表，主表與次表
3. 要比對檔案資料須屬於同一個JCAATS專案中。
4. 兩個檔案中需有共同特徵欄位/鍵值欄位
   (例如：員工編號、身份證號)。
5. 特徵欄位中的資料型態、長度需要一致。
6. 選擇比對(Join)類別:
   A. Matched Primary with the first Secondary
   B. Matched All Primary with the first Secondary
   C. Matched All Secondary with the first Primary
   D. Matched All Primary and Secondary with the first
   E. Unmatched Primary
   F. Many to Many

比對(Join)的六種分析模式

- 狀況一：保留對應成功的主表與次表之第一筆資料。
  (Matched Primary with the first Secondary)
- 狀況二：保留主表中所有資料與對應成功次表之第一筆資料。
  (Matched All Primary with the first Secondary)
- 狀況三：保留次表中所有資料與對應成功主表之第一筆資料。
  (Matched All Secondary with the first Primary)
- 狀況四：保留所有對應成功與未對應成功的主表與次表資料。
  (Matched All Primary and Secondary with the first)
- 狀況五：保留未對應成功的主表資料。
  (Unmatched Primary)
- 狀況六: 保留對應成功的所有主次表資料
  (Many to Many)

JCAATs 比對(JOIN)指令六種類別

比對類型

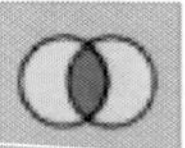 ◉ Matched Primary with the first Secondary

 ○ Matched All Primary with the first Secondary

 ○ Matched All Secondary with the first Primary

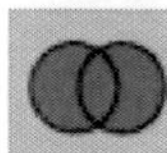 ○ Matched All Primary and Secondary with the first

 ○ Unmatch Primary

 ○ Many to Many

比對(Join)練習基本功：

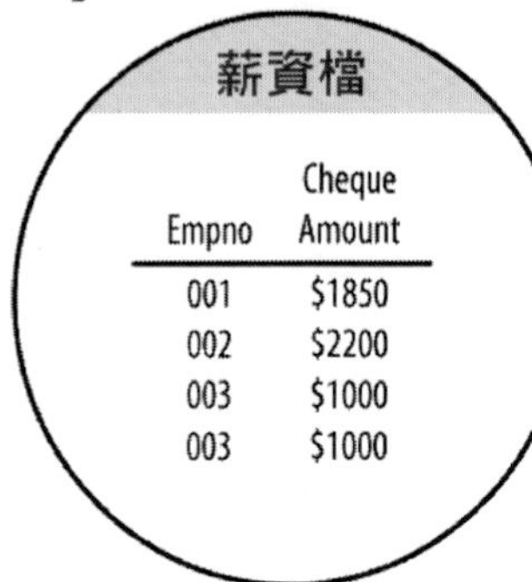

薪資檔

Empno	Cheque Amount
001	$1850
002	$2200
003	$1000
003	$1000

主要檔

員工檔

Empno	Pay Per Period
001	$1850
003	$2000
004	$1975
005	$2450

次要檔

① Matched Primary with the first Secondary

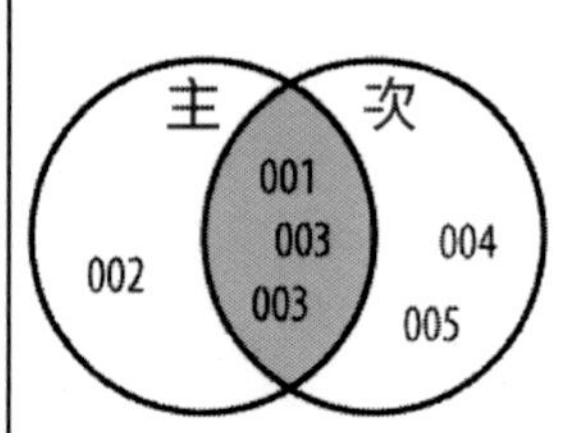

輸出檔

Empno	Cheque Amount	Pay Per Period
001	$1850	$1850
003	$1000	$2000
003	$1000	$2000

⑤ Unmatched Primary

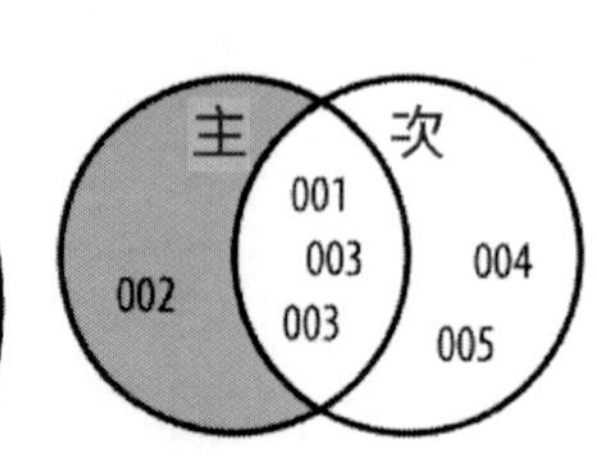

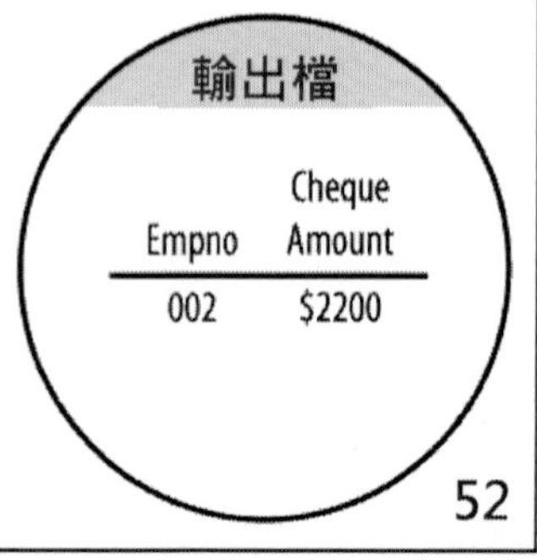

輸出檔

Empno	Cheque Amount
002	$2200

比對(Join)練習基本功：

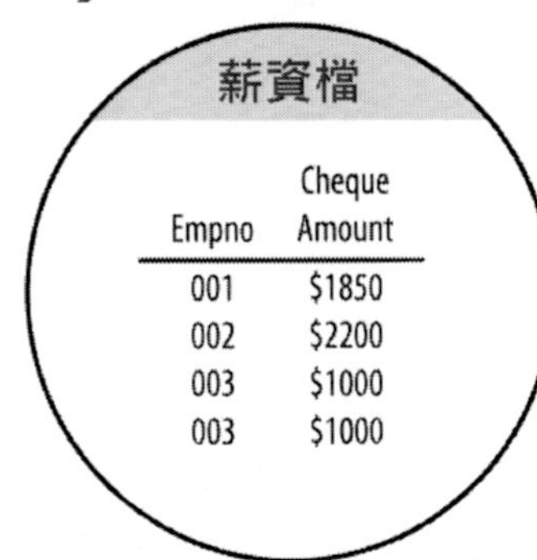

主要檔

員工檔

Empno	Pay Per Period
001	$1850
003	$2000
004	$1975
005	$2450

次要檔

② Matched All Primary with the first Secondary

主 次 002 001 003 003 004 005

輸出檔

Empno	Cheque Amount	Pay Per Period
001	$1850	$1850
002	$2200	$0
003	$1000	$2000
003	$1000	$2000

③ Matched All Secondary with the first Primary

主 次 002 001 003 003 004 005

輸出檔

Empno	Cheque Amount	Pay Per Period
001	$1850	$1850
003	$1000	$2000
003	$1000	$2000
004	$0	$1975
005	$0	$2450

比對(Join)練習基本功：

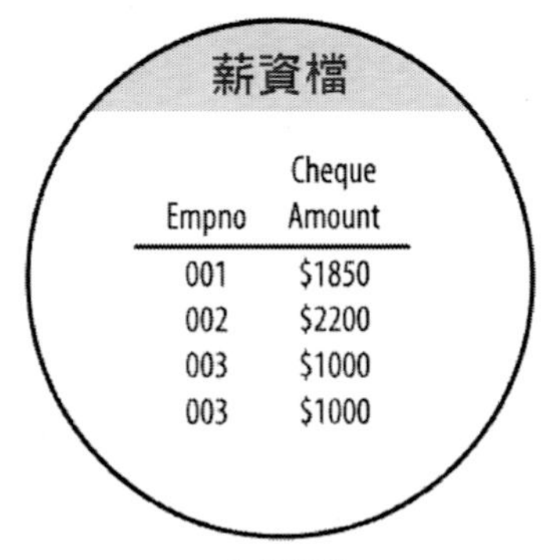

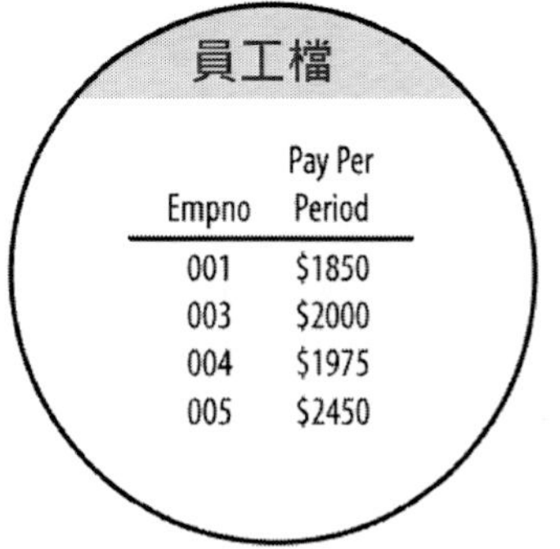

主要檔

次要檔

④ Matched All Primary and Secondary with the first

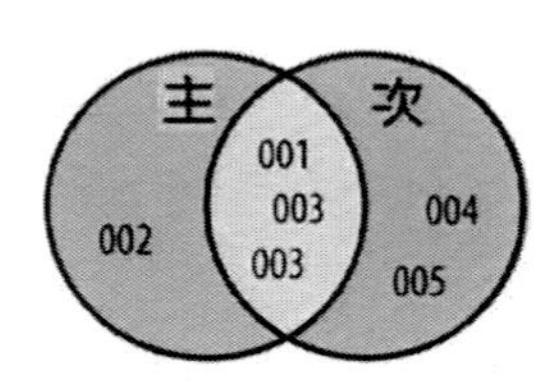

輸出檔

Empno	Cheque Amount	Pay Per Period
001	$1850	$1850
002	$2200	$0
003	$1000	$2000
003	$1000	$2000
004	$0	$1975
005	$0	$2450

比對(Join)練習基本功：

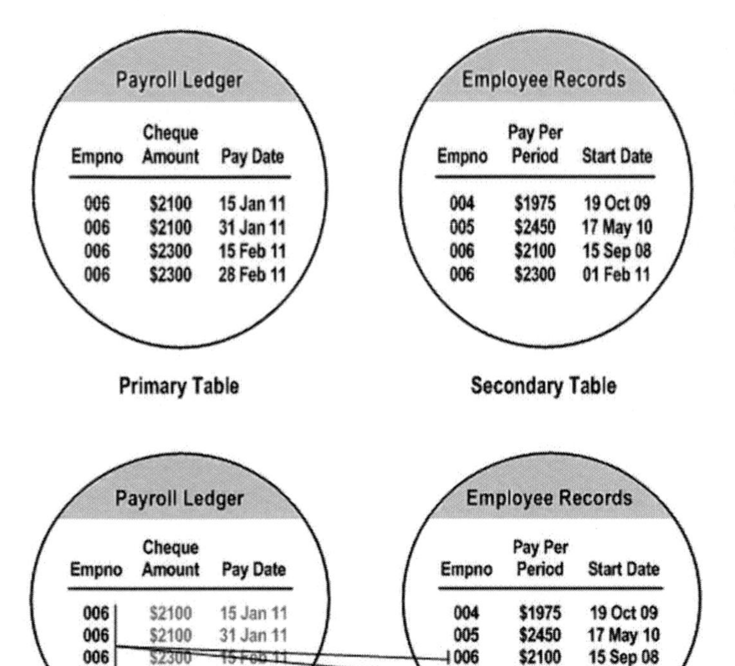

1. 找出支付單與員工檔中相同員工代號所有相符資料
2. 篩選出正確日期之資料
3. 比對支付單中實際支付與員工檔中記錄薪支是否相符

Many-to-Many

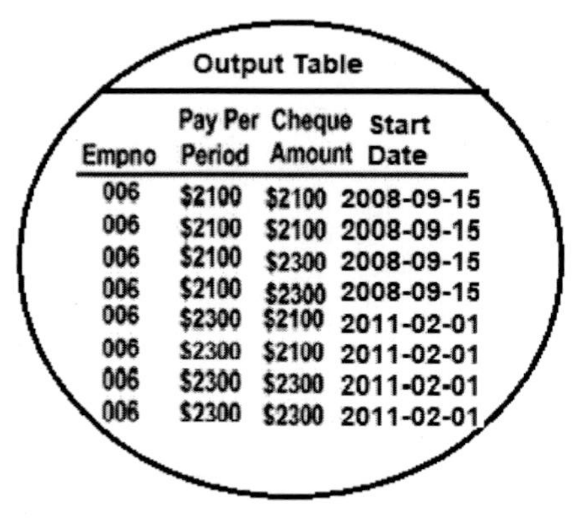

Output Table

Empno	Pay Per Period	Cheque Amount	Start Date
006	$2100	$2100	2008-09-15
006	$2100	$2100	2008-09-15
006	$2100	$2300	2008-09-15
006	$2100	$2300	2008-09-15
006	$2300	$2100	2011-02-01
006	$2300	$2100	2011-02-01
006	$2300	$2300	2011-02-01
006	$2300	$2300	2011-02-01

比對(Join)多對多--篩選條件設定

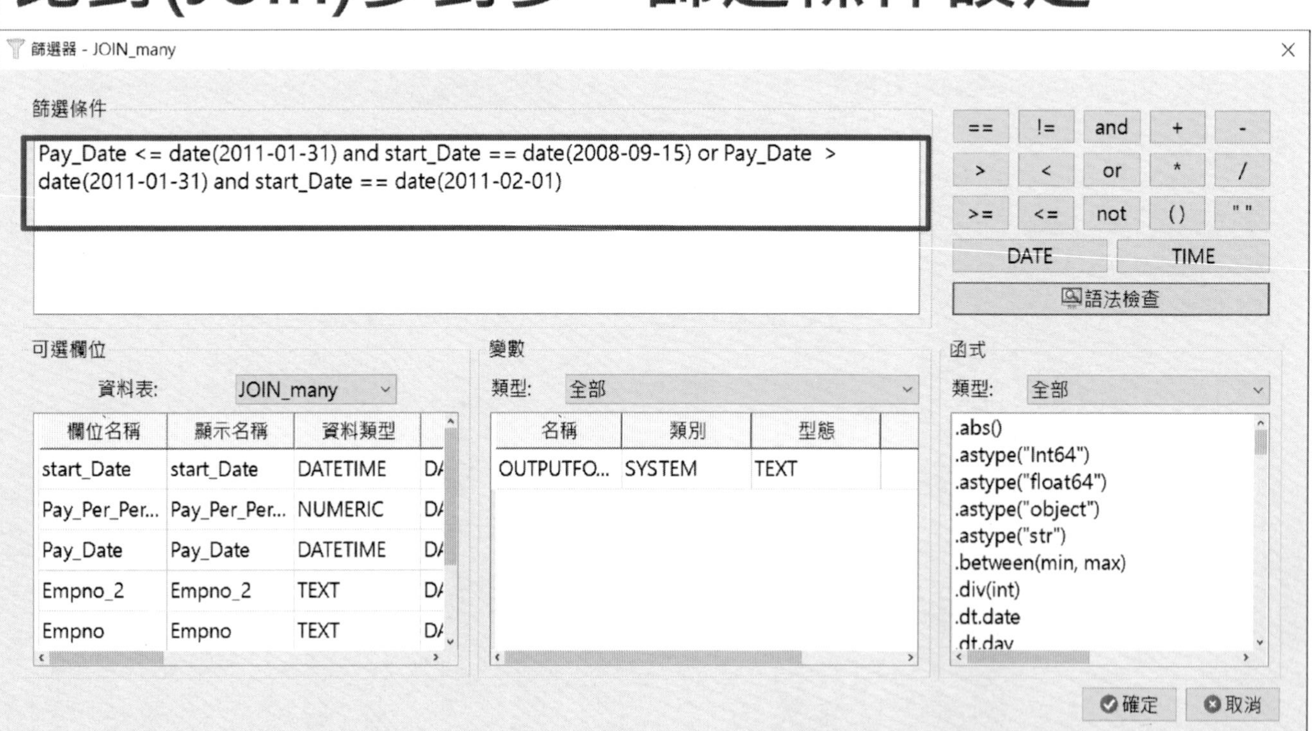

Pay_Date <= date(2011-01-31) and start_Date == date(2008-09-15) or Pay_Date > date(2011-01-31) and start_Date == date(2011-02-01)

比對(Join)多對多--篩選條件結果

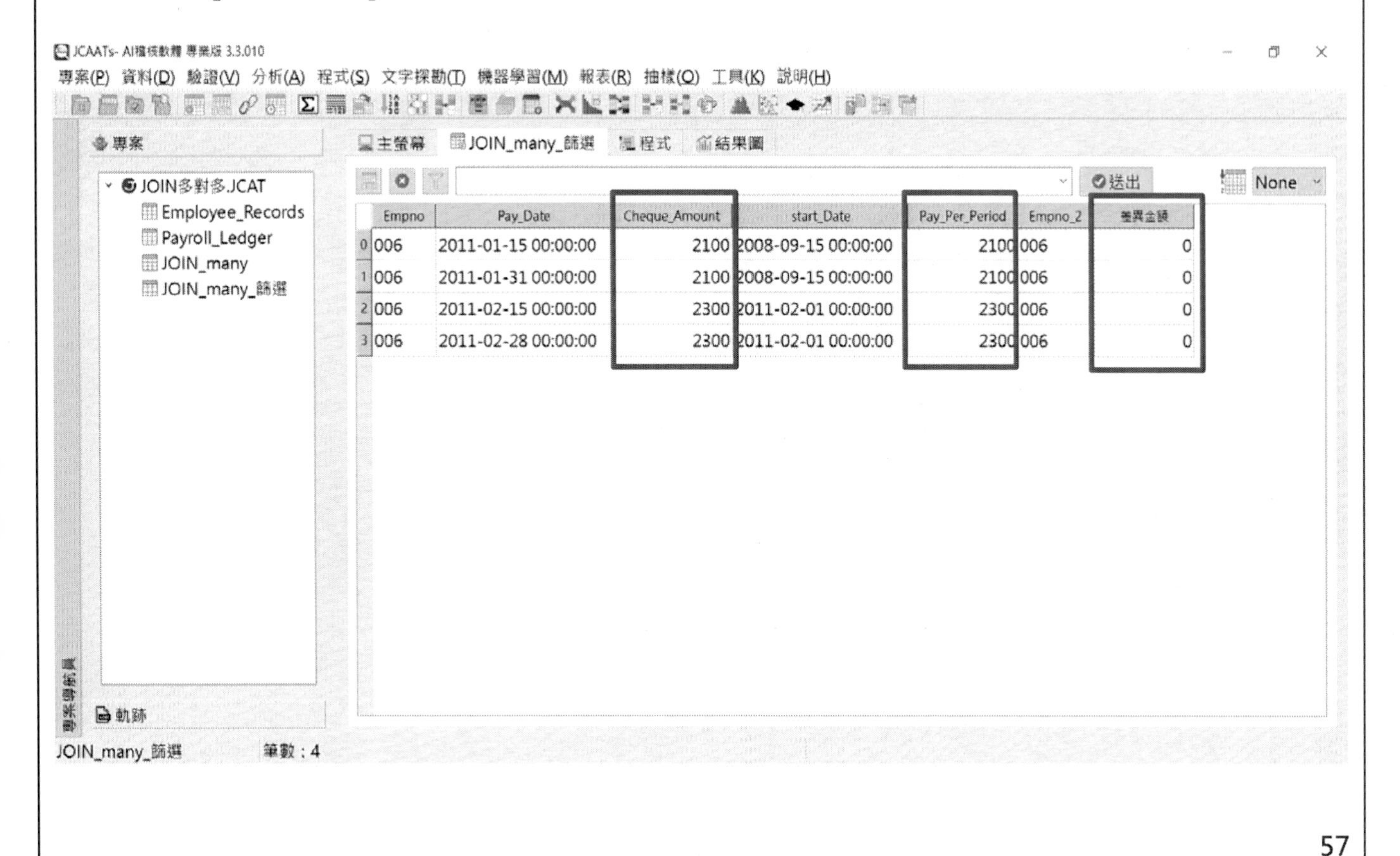

	Empno	Pay_Date	Cheque_Amount	start_Date	Pay_Per_Period	Empno_2	差異金額
0	006	2011-01-15 00:00:00	2100	2008-09-15 00:00:00	2100	006	0
1	006	2011-01-31 00:00:00	2100	2008-09-15 00:00:00	2100	006	0
2	006	2011-02-15 00:00:00	2300	2011-02-01 00:00:00	2300	006	0
3	006	2011-02-28 00:00:00	2300	2011-02-01 00:00:00	2300	006	0

JCAATs 文字探勘指令：

- **模糊重複**：比對兩個字句的接近程度。
- **關鍵字**：找出文字欄位中常出現的詞或是權重字，成為查核的關鍵字，來進行更進階文字查核或比對。
- **文字雲**：功能類似關鍵字，以文字雲顯示文字的重要程度，提供文字視覺化分析。
- **情緒分析**：透過正向或負向詞的分析，累計計算判斷出文檔的情緒。
- **範例**：文字探勘在稽核應用如合約查核、工安申報查核、裁罰風險警示、黑名單比對、客戶留言風險分析、信用評核等

模糊重複(Fuzzy Duplicate):

- 模糊重複主要依據文字編輯距離(Levenshtein Distance)機制來計算二個文字的接近程度。

模糊度計算方式介紹:

編輯距離 (Levenshtein Distance)

- 編輯距離也可以解釋為編輯次數，透過限制編輯次數來達到模糊比對，當兩個值之間的編輯距離越大，差異就越大。

範例1：

編輯距離	"Hanssen" 和"Jansn"	結果
2	編輯1：用'J'替換'H' 編輯2：刪除's' 編輯3：刪除'e'	排除

範例2：

編輯距離	"Hanssen" 和"Jansn"	結果
3	編輯1：用'J'替換'H' 編輯2：刪除's' 編輯3：刪除'e'	列入

JCAATs函式說明 — @find()

在JCAATs系統中，若需要查找資料中是否包含特定資料，便可使用@find( )指令完成，允許查核人員快速地於大量資料中，找出包含指定資料值的記錄，故可應用於關鍵字比對等。語法: @find(col,val)

CUST_No	Date	Amount
795401	2019/08/20	-474.70
795402	2019/10/15	225.87
795403	2019/02/04	180.92
516372	2019/02/17	1,610.87
516373	2019/04/30	-1,298.43

CUST_No	Date	Amount
795401	2019/08/20	-474.70
795402	2019/10/15	225.87
795403	2019/02/04	180.92

範例篩選: @find(CUST_No,"7954")

JCAATs函式說明 — @find_multi()

在JCAATs系統中，若需要查找資料中是否包含多個特定資料，便可使用@find_multi( )指令完成，允許查核人員快速地於大量資料中，找出包含指定資料值的記錄，故可應用於多個關鍵字比對等。語法: @find_multi(col,[val])

CUST_No	Date	Amount
795401	2019/08/20	-474.70
795402	2019/10/15	225.87
795403	2019/02/04	180.92
516372	2019/02/17	1,610.87
516373	2019/04/30	-1,298.43

CUST_No	Date	Amount
795403	2019/02/04	180.92
516373	2019/04/30	-1,298.43

範例篩選: @find_multi(CUST_No,["03","73"])

JCAATs函式說明 — .str.strip()

在系統中，為了避免資料篩選、比對誤差，需要刪除字串開頭和結尾的空格、換行符號或去除字串中指定的字符等。可使用.str.strip( )指令完成，允許查核人員快速地於大量資料中，進行資料淨化動作。

語法: Field.str.strip( )

Vendor No	VendorName	Amount
10001	" A"	100
10001	"A B"	400
10001	" AB "	500
10002	"A "	200
10003	" A B"	300

Vendor No	Vendor Name	New Name	Amount
10001	" A"	"A"	100
10001	"A B"	"A B"	400
10001	" AB "	"AB"	500
10002	"A "	"A"	200
10003	" A B"	"A B"	300

範例新公式欄位New Name: VendorName.str.strip()

函式說明 — .str.upper()

此函式可以將某一字串欄位的內容的小寫字母轉為大寫字母，允許查核人員快速地於大量資料中，依資料的內容輸出成大寫的欄位值，完成所需的資料值的記錄。

語法: Field.str.upper ( )

Vendor No	VendorName	Amount
10001	abc	100
10001	BCd	400
10001		500
10002	xYz	200
10003	xyZ	300

Vendor No	Vendor Name	New Name	Amount
10001	abc	ABC	100
10001	BCd	BCD	400
10001			500
10002	xYz	XYZ	200
10003	xyZ	XYZ	300

範例新公式欄位New Name : VendorName.str.upper()

| AI Audit Expert

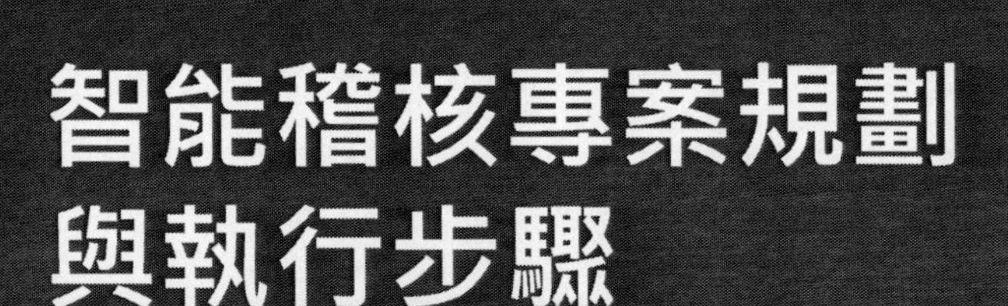

以高風險電子郵件查核實例上機演練

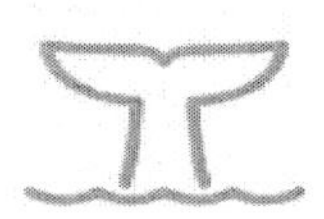

Whaling
鯨釣
針對高價值商業目標
商業電子郵件入侵 (BEC) 的前身

AI智能稽核專案執行步驟

➢ 可透過JCAATs AI稽核軟體，有效完成專案，包含以下六個階段：

1. 專案規劃 → 2. 獲得資料 → 3. 讀取資料 → 4. 驗證資料 → 5. 智能分析 → 6. 報表輸出

資料準備

BEC 詐騙案件實例：

求救郵件

查詢駭客路徑&預防方法

收件者 sherry@jacksoft.com.tw

TO:傑克商業自動化股份有限公司
康小姐

您好，請參照附件檔，原先我們傳給日本客戶的PI，
駭客入侵修改我們的PI，把抬頭的e-mail刪掉，
和客戶說先前帳戶已停用，換成新的泰國匯款帳戶，
導致客戶匯款傳到駭客的帳戶，
請問有辦法查駭客的從哪裡入侵?我司如何預防?

Best Regards

Sherry

寄件備份

PROFORMA INVOICE

收件者 'keiji@abccorp.co.jp'

To: ABC CORPORATION
Add.: 59-1 ABC ST.,
Nishio-City, JAPAN
Attn.: Keiji-San

Date: May 13, 2020
Tel: +81-561-32-1111
Fax: +81-561-32-3333
E-mail: keiji@abccorp.co.jp
Reference No.: 2005011

PROFORMA INVOICE

We are pleased to quote you the following commodity under these terms:
1. Validity: 360 days
2. Place of Delivery: FOB Taiwan
3. Time of Shipment: Within 40 days after receipt purchase order and 30% down payment
4. Terms of Payment: 30% deposit by T/T transfer with order
70% balance by T/T transfer or issue irrevocable L/C at sight after the testing and before shipment
5. Our bank name & address is:

Bank：Land Bank of Taiwan Chiayi Branch
Address：No. 309 Chung Shan Road, Chiayi City, Taiwan R.O.C
Tel:886-5-222222221 Fax: 886-5-222222222 SWIFT CODE：LBOT TW TP 029
THE ACCOUNT NO.：000-111-222-999 DRILLING MACHINE INDUSTRY CO., LTD.

DESCRIPTION	QUANTITY	UNIT PRICE	SPECIAL PRICE
Drilling Machine JTP-230FS(Round table)	2 Sets	US$6,150.-	US$12,300.-

Standard Accessories:
1. Drill Drift
Packing: 1 Set with crate case.
JTP-230FS Round table:150*90*250 CM：500 KGS/700KGS (Net Weight/ Gross Weight)
Working voltage 380 volts 50Hz, control voltage 220 volts Paint color: Green, scale: Metric, manual: English
(If you use different voltage, please inform us in advance.)

客戶收到電郵

BANK INFORMATION CHANGE

駭客違造

收件者 'keiji@abccorp.co.jp'

To: ABC CORPORATION
Add.: 59-1 ABC ST.,
Nishio-City, JAPAN
Attn.: Keiji-San

BANK INFORMATION

We have closed accounting books for the financial year end. Therefore we request to receive payment as below:

This is a signed letter requesting you to kindly make the changes in your system and carry out the transaction in the new bank account.

I/We hereby authorize you to route all the payment instructions to our offshore bank account in Thailand approved for receiving payment on our behalf.

I/We hereby that the beneficiary is different from our company name. To avoid error resulting in crediting payment to us by our bank. Please ensure to transfer the payment towards the beneficiary details with bank account in TMB BANK PUBLIC COMPANY LIMITED. Thailand and the related bank account listed below.

BNANK INFORMATION for sending 30% T/T payment to us. Below

NAME BANK: TMB BANK PUBLIC COMPANY LIMITED
BENEFICIARY NAME: JUNYAPORN SOMSMAN
ACCOUNTING NUMBER: 195-8443-965
BANK ADDRESS: #39 2ND FLOOR. ROOM NO. 1750 MEGA CITY, BANGA MORE HOUSE, SAMUTPRAKAN 10540, THAILAND
BENEFICARY ADDRESS: 104/35-36 MO#12 TRAD ROAD, BANGPLEE DISTRIC, THAILAND
SWIFT CODE: TMBKTHBK
COUNTRY: THAILAND

I/We hereby confirm that above bank details for e-payment provided would be binding on us and shall absolve you from any liability related to this transaction.

I/We further declare that the undersigned has/have the authority to give this undertaking on behalf of the firm/company.

PROFORMA INVOICE

駭客串改

收件者 'keiji@abccorp.co.jp'

To: ABC CORPORATION
Add.: 59-1 ABC ST.,
Nishio-City, JAPAN
Attn.: Keiji-San

Date: May 13, 2020
Tel: +81-561-32-1111
Fax: +81-561-32-3333
E-mail: keiji@abccorp.co.jp
Reference No.: 2005011

PROFORMA INVOICE

We are pleased to quote you the following commodity under these terms:
1. Validity: 360 days
2. Place of Delivery: FOB Taiwan
3. Time of Shipment: Within 40 days after receipt purchase order and 30% down payment
4. Terms of Payment: 30% deposit by T/T transfer with order
70% balance by T/T transfer or issue irrevocable L/C at sight after the testing and before shipment
5. Our bank name & address is:

NAME BANK: TMB BANK PUBLIC COMPANY LIMITED
BENEFICIARY NAME:
ACCOUNTING NUMBER: 195-8443-965
BANK ADDRESS: #39 2ND FLOOR. ROOM NO. 1750 MEGA CITY, BANGA MORE HOUSE, SAMUTPRAKAN 10540, THAILAND
BENEFICARY ADDRESS: 104/35-36 MO#12 TRAD ROAD, BANGPLEE DISTRIC, THAILAND
SWIFT CODE: TMBKTHBK
COUNTRY: THAILAND

DESCRIPTION	QUANTITY	UNIT PRICE	SPECIAL PRICE
Drilling Machine JTP-230FS(Round table)	2 Sets	US$6,150.-	US$12,300.-

Standard Accessories:
1. Drill Drift
Packing: 1 Set with crate case.
JTP-230FS Round table:150*90*250 CM：500 KGS/700KGS (Net Weight/ Gross Weight)
Working voltage 380 volts 50Hz, control voltage 220 volts Paint color: Green, scale: Metric, manual: English
(If you use different voltage, please inform us in advance.)

BEC 的作業流程

範例可能的時序圖

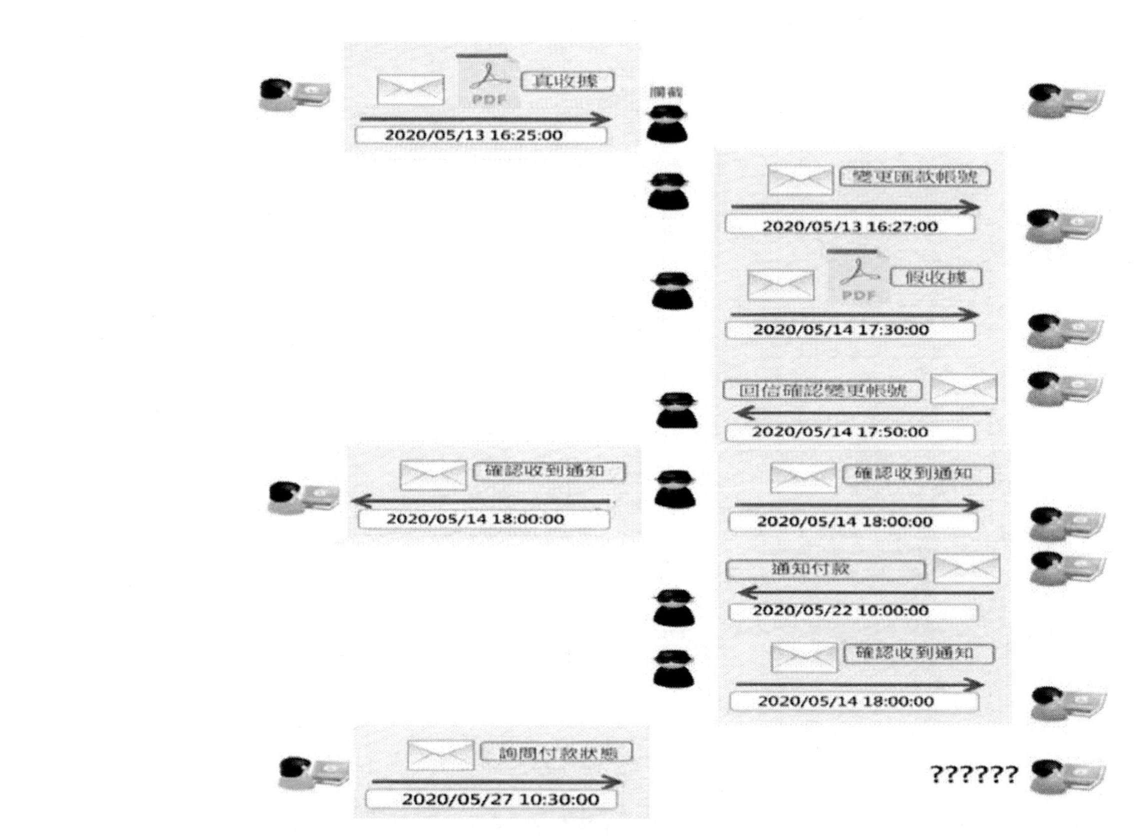

專案規劃

查核項目	防範商務電子郵件詐騙(BEC)作業查核	存放檔名	Email_Audit
查核目標	針對公司防範商務電子郵件詐騙(BEC)作業是否落實進行查核。		
查核說明	篩選高風險Email帳號與重要經管人員E-mail資料以查核公司防範商務電子郵件詐騙(BEC)作業與Email帳號管理是否有效辦理。		
查核程式	1. **非員工Email查核**：將Email使用者清單與員工資料檔進行比對，找出非現有員工之Email，以利後續深入查核。 2. **高風險BEC查核**：重要經管人Email資料比對已知黑名單關鍵字抽選出有高風險商務電子郵件詐騙(BEC)之可疑Email，以利深入追查相關防範作業是否依照公司規定作業方式辦理。 3. **Email帳號共用查核**：以Email使用者清單進行精確重複查核以利查核是否有帳號共用等高風險須深入追查情況。 4. **Email使用者清單疑似文字詐騙帳號查核**：將Email使用者清單進行模糊重複比對是否有疑似字母詐騙等高風險mail帳號。 5. **來源Email信件帳號疑似文字詐騙帳號查核**：將Email的來源帳號進行模糊重複比對是否有疑似字母詐騙等高風險mail帳號。		
資料檔案	員工主檔、mail使用者清單、E-mail資料、黑名單關鍵字		
所需欄位	請詳後附件明細表		

獲得資料

■ 稽核部門可以寄發稽核通知單，通知受查單位準備之資料及格式。

■ 檔案資料(內部)：

☑ 員工主檔(內部)
☑ mail使用者清單(內部)
☑ 重要經管人員Email資料 (內部)
☑ 黑名單關鍵字(外部)

稽核通知單

受文者	傑克國際商業銀行　　資訊室
主旨	針對資訊安全E-mail管理相關規定，進行例行性查核，請 貴單位提供相關檔案資料以利查核工作之進行。所需資訊如下說明。
說明	
一、	本單位擬於民國XX年XX月XX日開始進行為期X天之例行性查核，為使查核工作順利進行，謹請在XX月XX日前 惠予提供XXXX年XX月XX日至XXXX年XX月XX日之相關明細檔案資料，如附件
二、	依年度稽核計畫辦理。
三、	後附資料之提供，若擷取時有任何不甚明瞭之處敬祈隨時與稽核人員聯絡。
請提供檔案明細：	
一、	帳戶基本資料檔與Email資料檔，請提供包含欄位名稱且以逗號分隔的文字檔或是ODBC連結方式，並提供相關檔案格式說明(請詳附件)
稽核人員：Cindy	稽核主管：Vivian

員工主檔(Employee)

開始欄位	長度	欄位名稱	意義	型態	備註
1	12	Employee_ID	員工編號	C	
13	18	First_Name	名字	C	
31	18	Last_Name	姓氏	C	
49	2	Status	雇用狀態	C	0：在職;1：離職
51	2	Gender	性別	C	
53	6	Country	國籍	C	

C：表示字串欄位
D：表示日期欄位
N：表示數值欄位

※資料筆數：2,057

Email使用者清單(Users_List)

開始欄位	長度	欄位名稱	意義	型態	備註
1	18	First_Name	名字	C	
19	18	Last_Name	姓氏	C	
37	200	Email_Address	電郵帳號	C	
237	18	Status	狀態	C	Active：開通 Suspended：暫停
255	38	Last_Sign_In	最後使用日	D	YYYY/MM/DD
293	12	Email_Usage	使用量	C	以GB 來計算

C：表示字串欄位
D：表示日期欄位
N：表示數值欄位

※資料筆數：2,061

重要經管人員Email資料(EMAIL_ALL)

開始欄位	長度	欄位名稱	意義	型態	備註
1	10	Id	信件編號	C	
11	40	Date	信件時間	D	YYYYMMDD hh : mm : ss
51	200	To	目的電郵	C	
251	200	From	來源電郵	C	
451	200	Subject	主旨	C	
651	400	PartFilenames	附檔名	C	
1051	12	Size	資料量	N	
1063	4000	MessageBody	信件內容	C	

C：表示字串欄位
D：表示日期欄位
N：表示數值欄位

※資料筆數：10,174

黑名單關鍵字(blackwords)

開始欄位	長度	欄位名稱	意義	型態	備註
1	22	Blackwords	黑字	C	
23	6	Description	說明	C	

※資料筆數：18

C：表示字串欄位
D：表示日期欄位
N：表示數值欄位

資料讀取—稽核資料倉儲應用

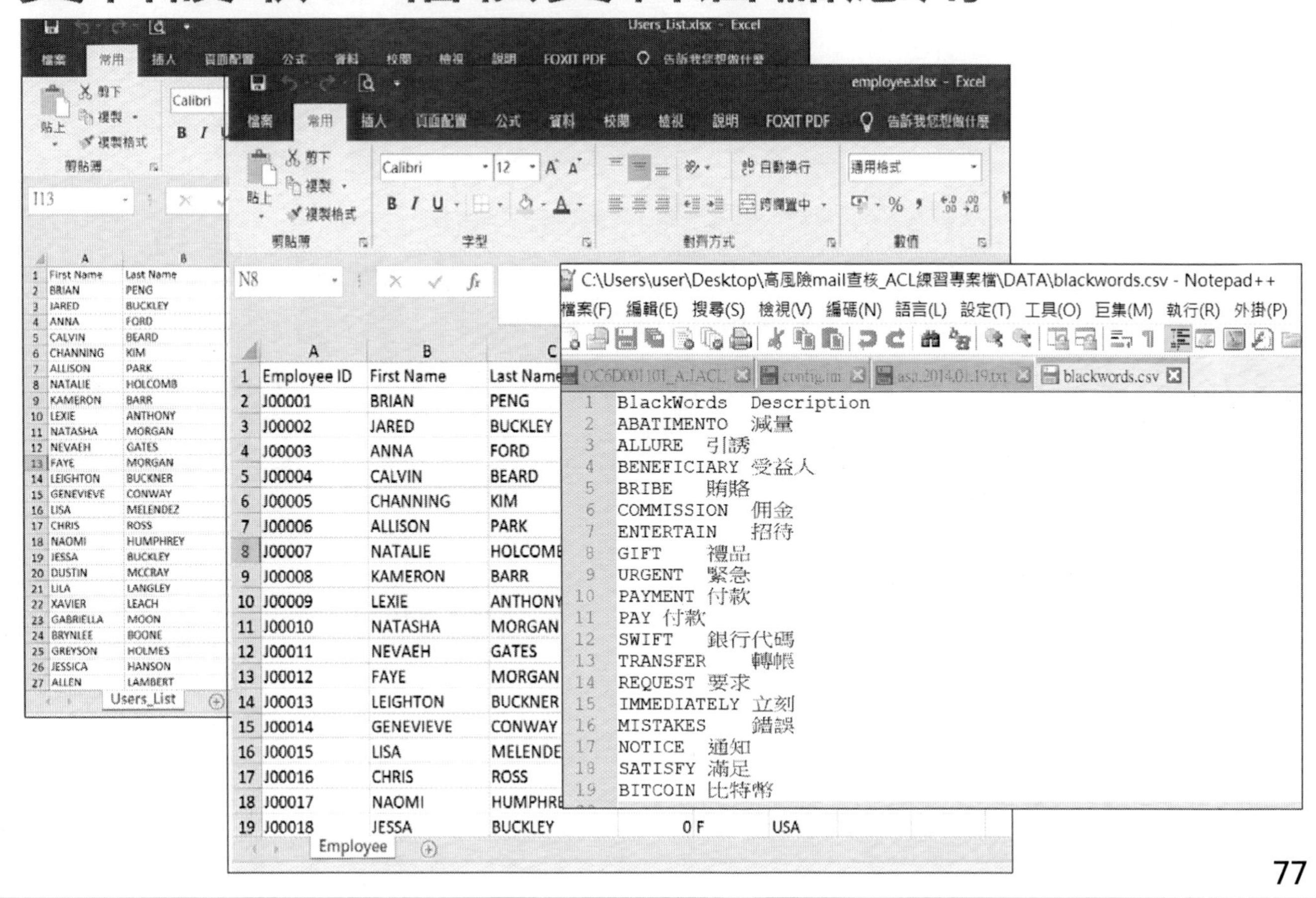

STEP 1：新增專案

- 專案→新增專案

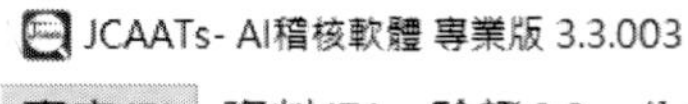

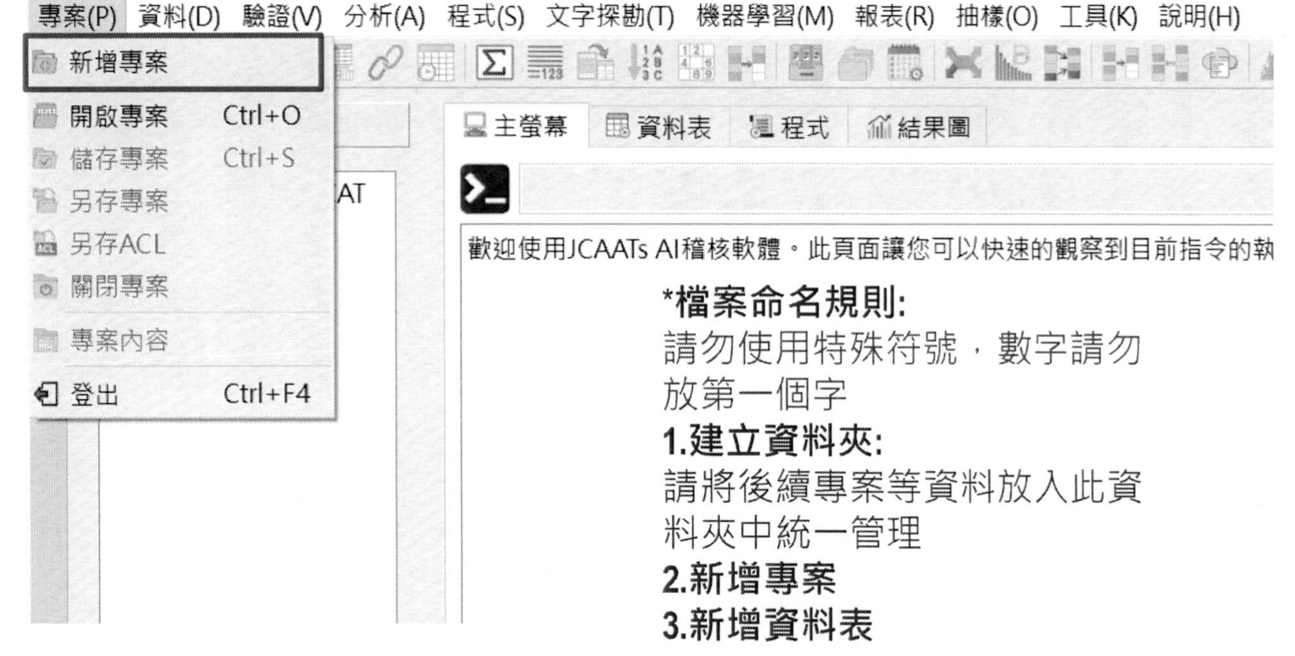

STEP 2：複製另一專案資料表

- 資料→複製另一專案資料表

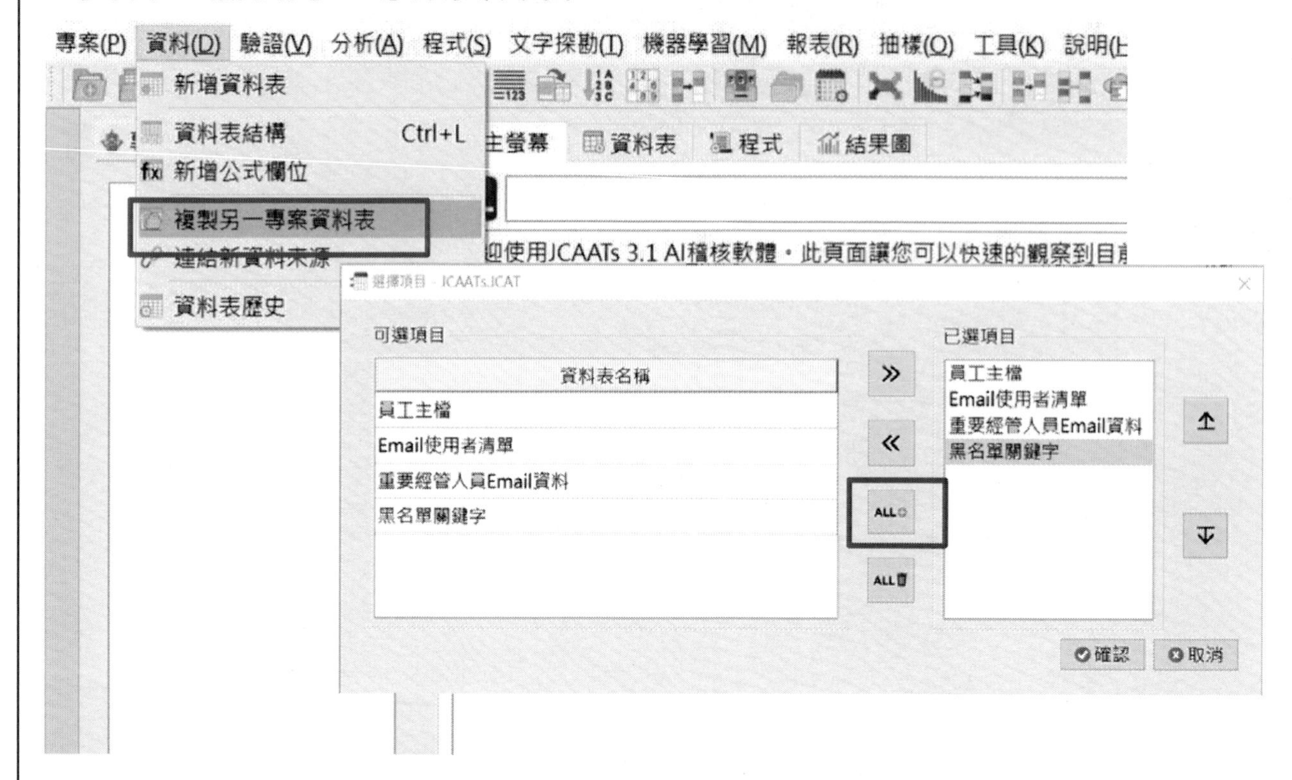

STEP 3：驗證資料表

- 驗證「員工主檔」

STEP 3：驗證資料表

- 驗證「 Email使用者清單」

	名字	姓氏	電郵帳號	狀態	最後使用日	使用量
0	BRIAN	PENG	BRIAN.PE...	Active	2020-08-1...	1.0GB
1	JARED	BUCKLEY	JARED.BU...	Active	2020-08-0...	3.5GB
2	ANNA	FORD	ANNA.FO...	Active	2020-08-0...	10.5GB
3	CALVIN	BEARD	CALVIN.BE...	Active	2020-08-0...	5.0GB
4	CHANNING	KIM	CHANNIN...	Active	2018-01-2...	14.8GB
5	ALLISON	PARK	ALLISON.P...	Active	2020-08-0...	8.2GB
6	NATALIE	HOLCOMB	NATALIE.H...	Active	2020-08-1...	9.8GB
7	KAMERON	BARR	KAMERON...	Active	2020-08-0...	3.8GB
8	LEXIE	ANTHONY	LEXIE.ANT...	Active	2018-06-3...	9.2GB
9	NATASHA	MORGAN	NATASHA....	Active	2020-08-0...	13.9GB

STEP 3：驗證資料表

- 驗證「重要經管人員Email資料」

	信件編號	信件時間	目的電郵	來源電郵	主旨	信件內容	附檔名
0	1	2020-08-1...	keiji@myc...	STC@e-...	報名倒數！...	3o|W-E?A!...	""; ""
1	2	2020-08-1...	keiji@myc...	wmark@m...	《月旦財稅...	＊若無法閱...	""; ""
2	3	2020-08-1...	keiji@myc...	W-...	2020年8月...	<html>...	nan
3	4	2020-08-1...	mary@my...	paper@asi...	9/26(六)～...	※若您無法...	""; ""
4	5	2020-08-1...	mary@my...	ewsletter...	TONY ...	nan	""; ""
5	6	2020-08-1...	mary@my...	dubook@...	校長主任甄...	無法看到內...	""; ""
6	7	2020-08-1...	mary@my...	eturn@ne...	【報名抽...	--00048e5...	""; ""
7	8	2020-08-1...	mary@my...	ecommen...	Check out ...	To view thi...	""; ""
8	9	2020-08-1...	mary@my...	eedback@...	re: Kamala ...	<!DOCTYP...	nan
9	10	2020-08-1...	mary@my...	eedback@...	re: the ...	<!DOCTYP...	nan

STEP 3：驗證資料表

- 驗證「黑名單關鍵字」

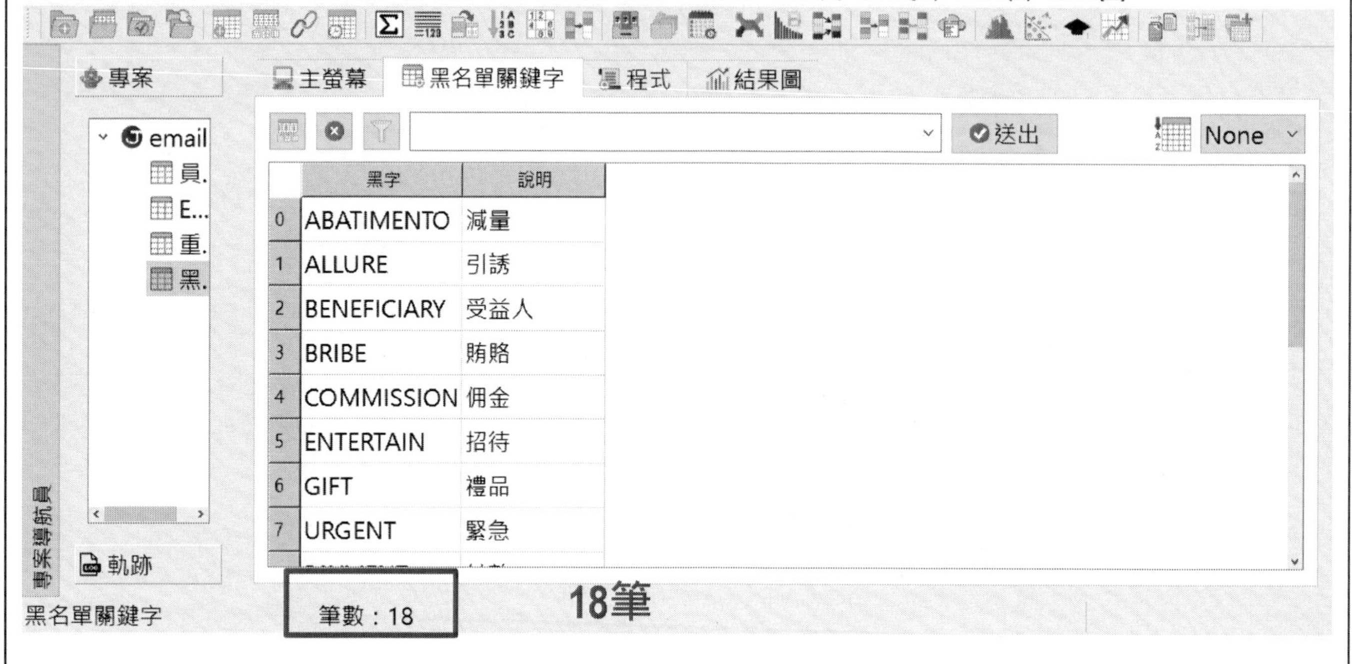

jacksoft | AI Audit Expert

www.jacksoft.com.tw

查核專案實例
上機演練一：
非員工Email查核

非員工Email查核 稽核流程圖

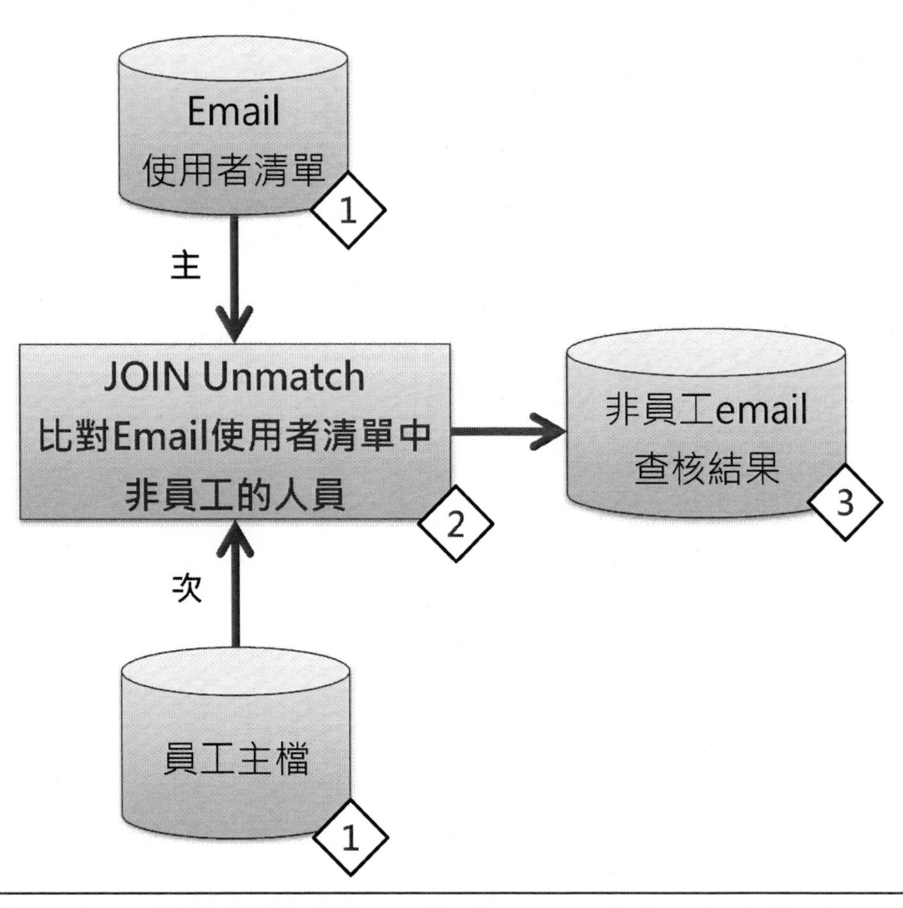

Step1:比對(Join)非員工Email帳號資料

分析→比對

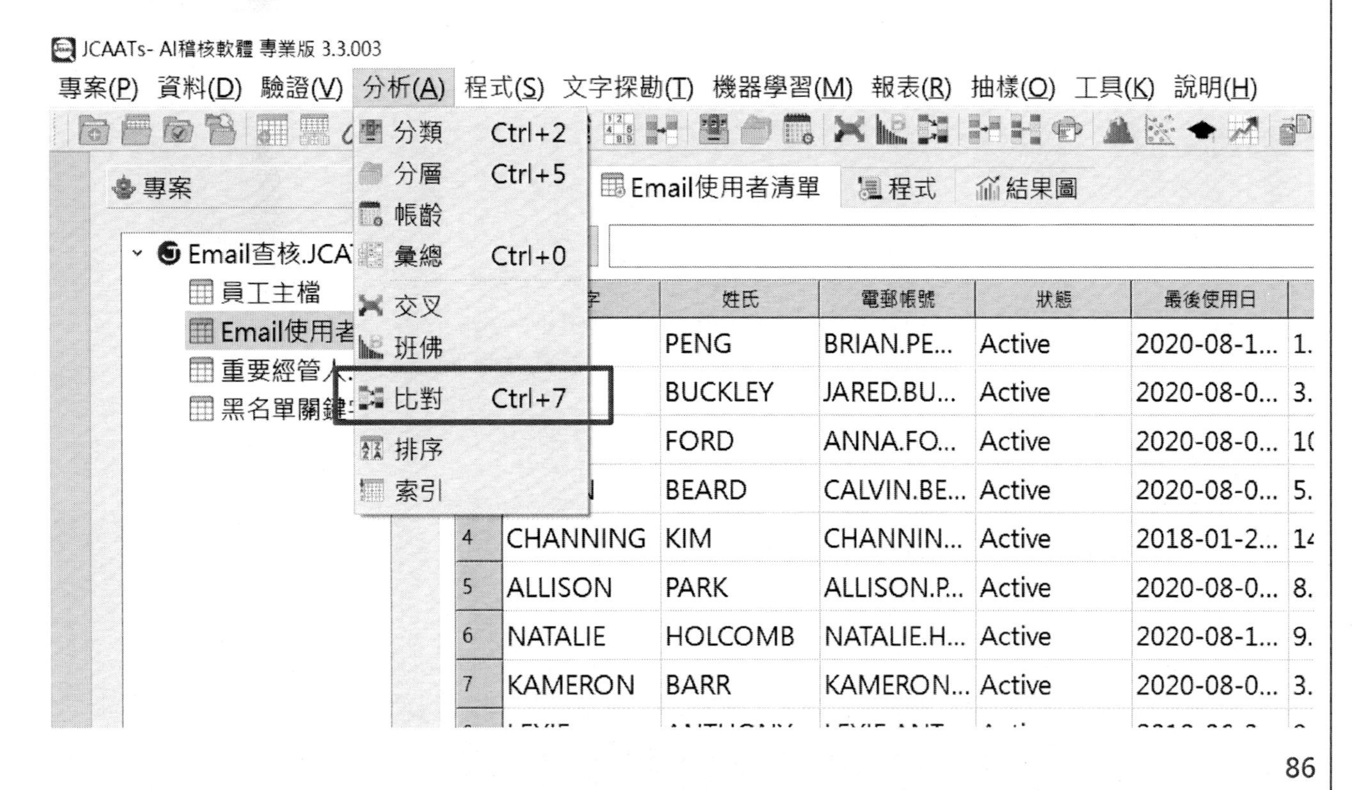

設定主次表比對(Join)條件

分析→比對→條件設定

- 主表：
  Email使用者清單
- 次表：
  員工主檔
- 主表關鍵欄位：
  1.First_Name(姓氏)
  2.Last_Name(名字)
- 次表關鍵欄位：
  1.First_Name(姓氏)
  2.Last_Name(名字)
- 主表顯示欄位：
  全選
- 次表顯示欄位：
  全不選

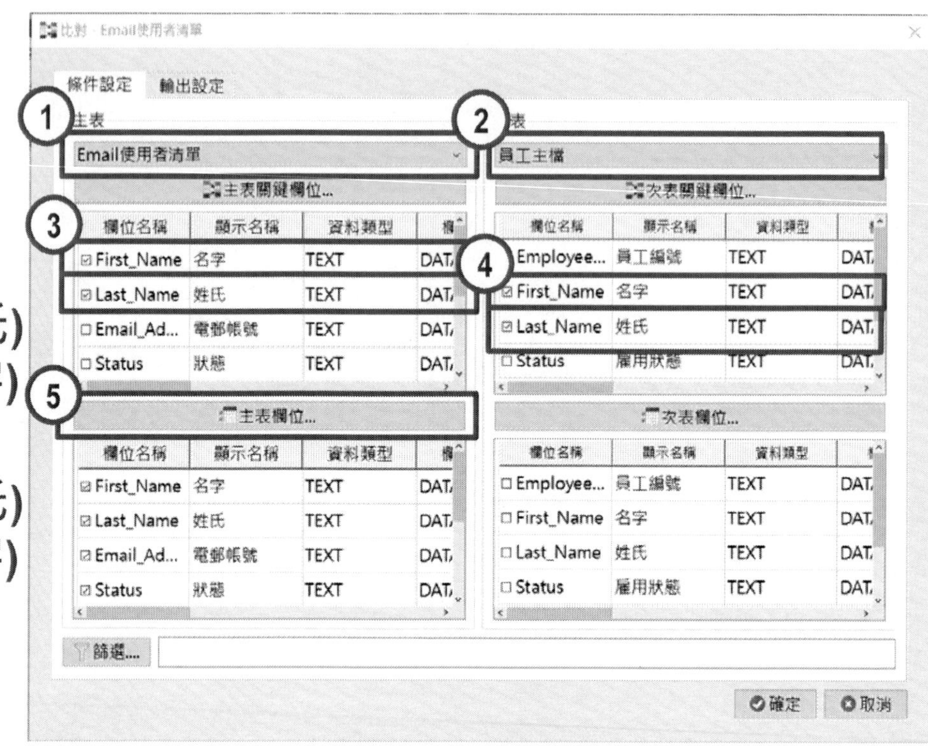

比對(Join)非員工Email帳號資料

- 比對→輸出設定
- 輸出結果：
  資料表
- 名稱：
  非員工Email查核
- 比對類型：
  Unmatch Primary

非員工Email查核

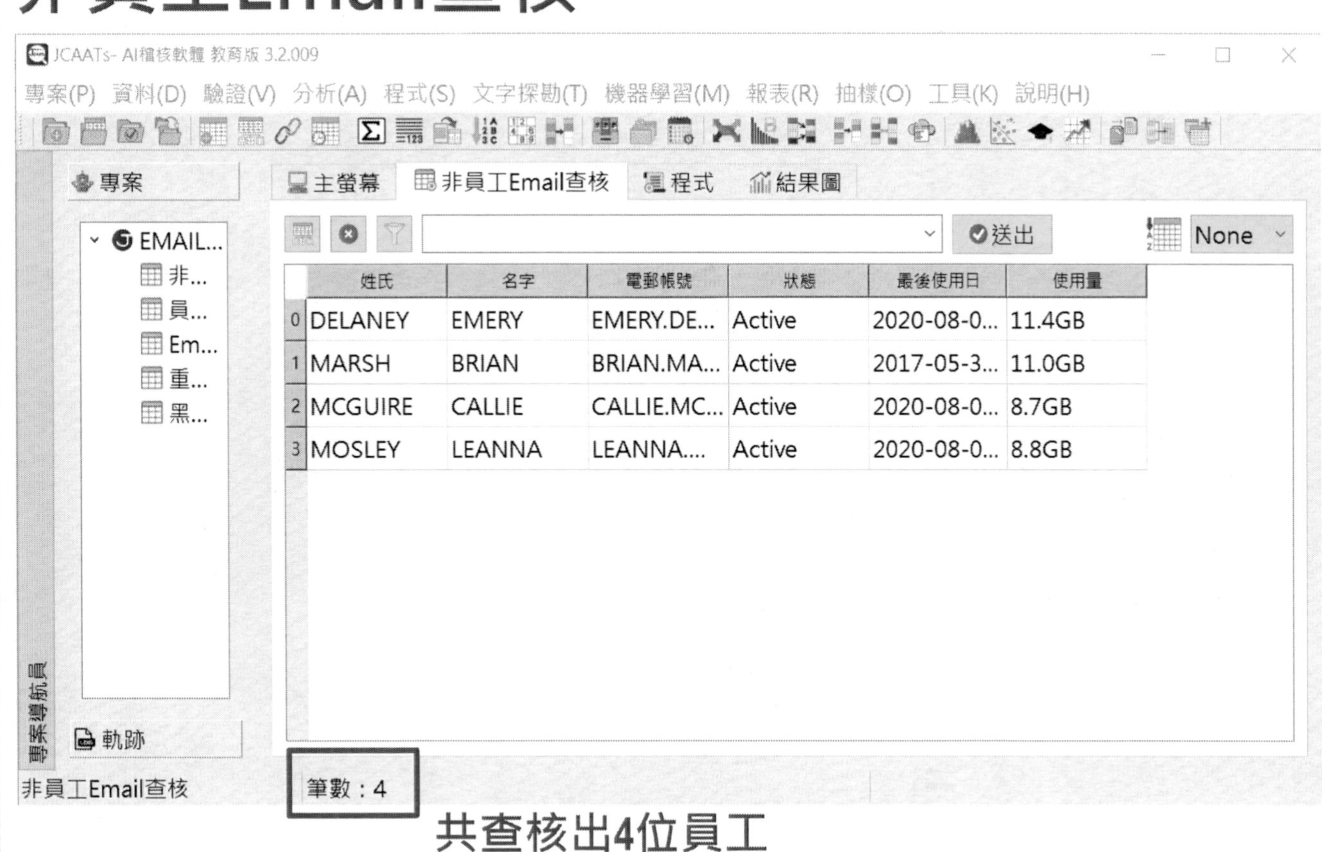

共查核出4位員工

jacksoft www.jacksoft.com.tw | AI Audit Expert

查核專案實例
上機演練二：
高風險商務電子郵件詐騙(BEC)查核

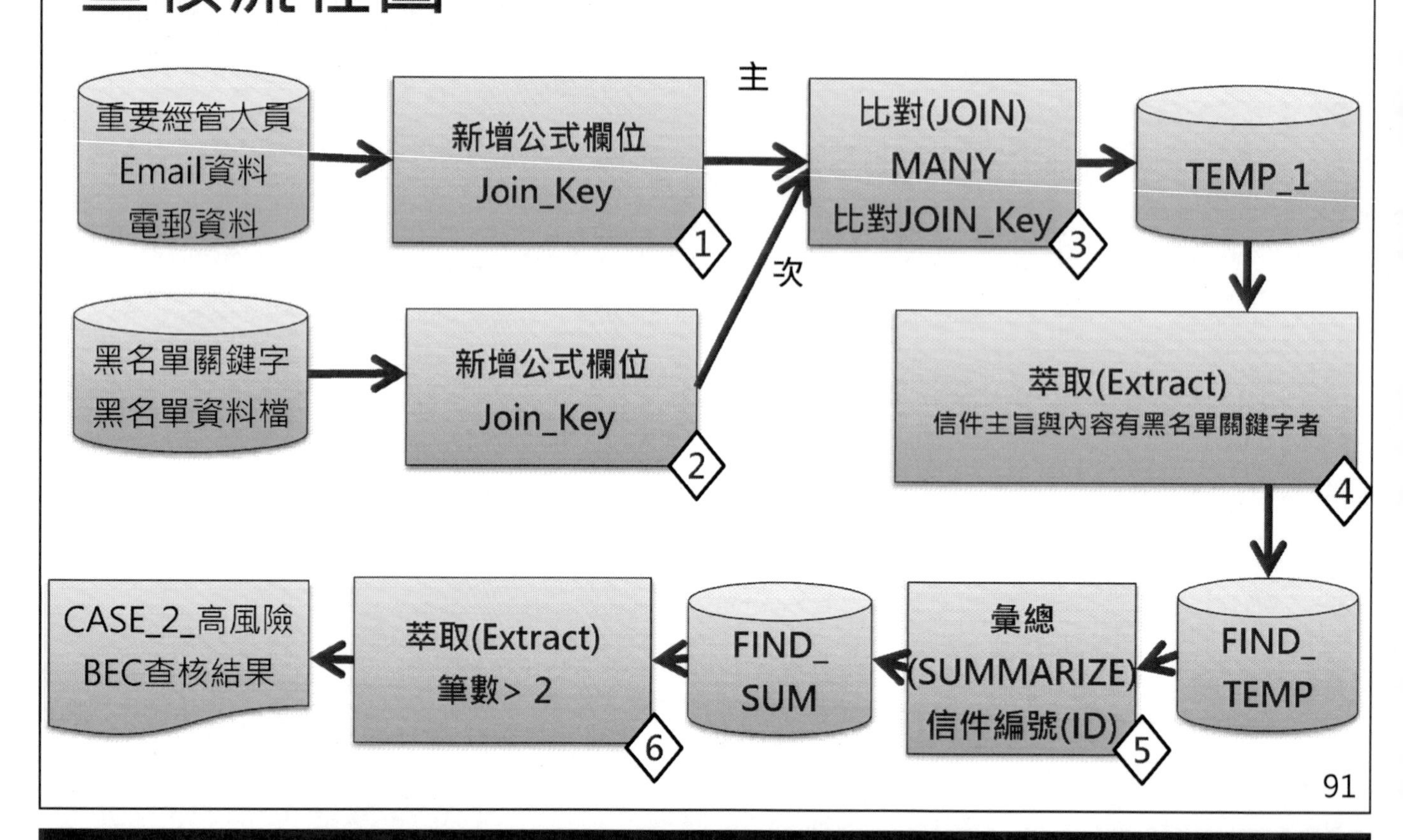

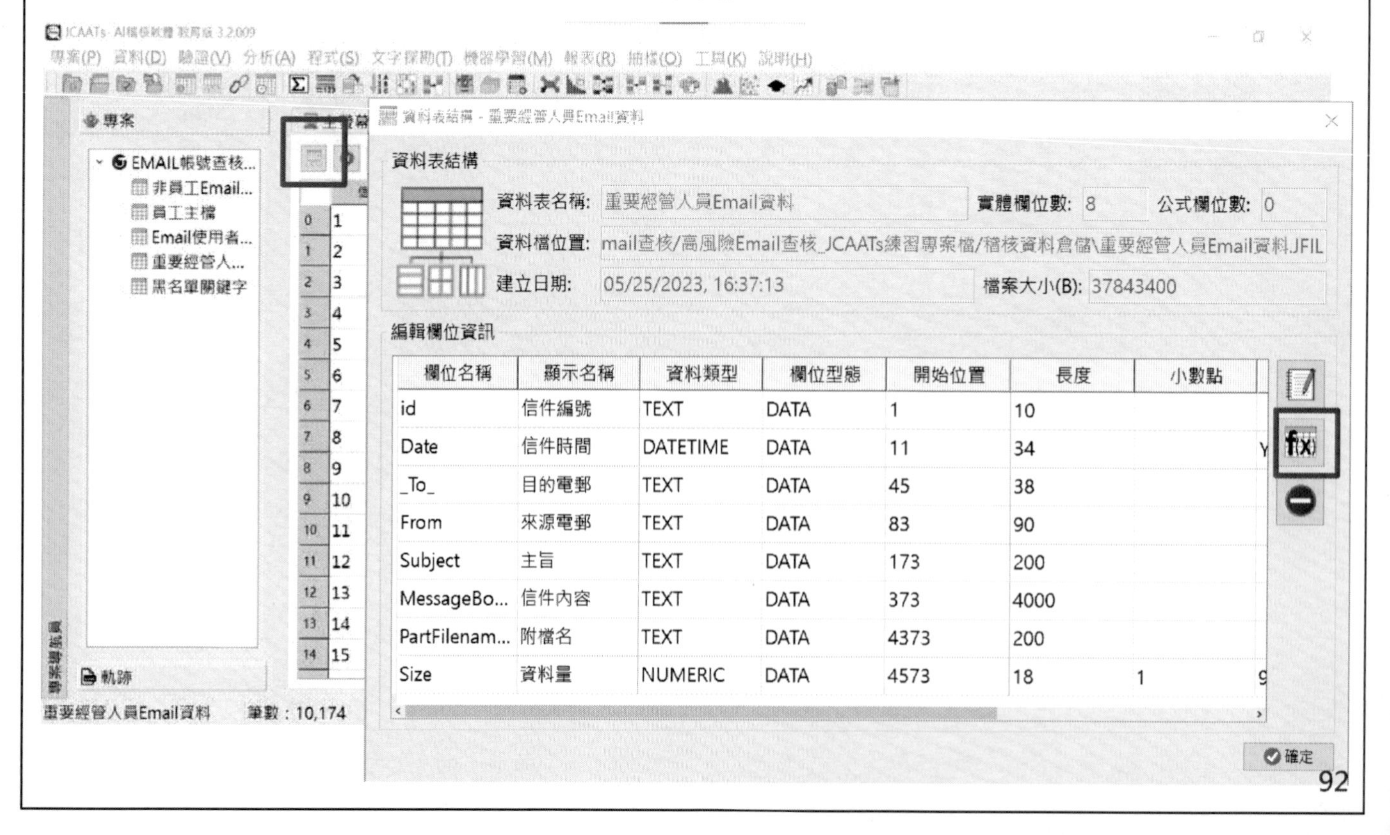

欄位名稱	顯示名稱	資料類型	欄位型態	開始位置	長度	小數點
id	信件編號	TEXT	DATA	1	10	
Date	信件時間	DATETIME	DATA	11	34	
_To_	目的電郵	TEXT	DATA	45	38	
From	來源電郵	TEXT	DATA	83	90	
Subject	主旨	TEXT	DATA	173	200	
MessageBo...	信件內容	TEXT	DATA	373	4000	
PartFilenam...	附檔名	TEXT	DATA	4373	200	
Size	資料量	NUMERIC	DATA	4573	18	1

Step1：建立比對關鍵欄位:
開啟重要經管人員Email

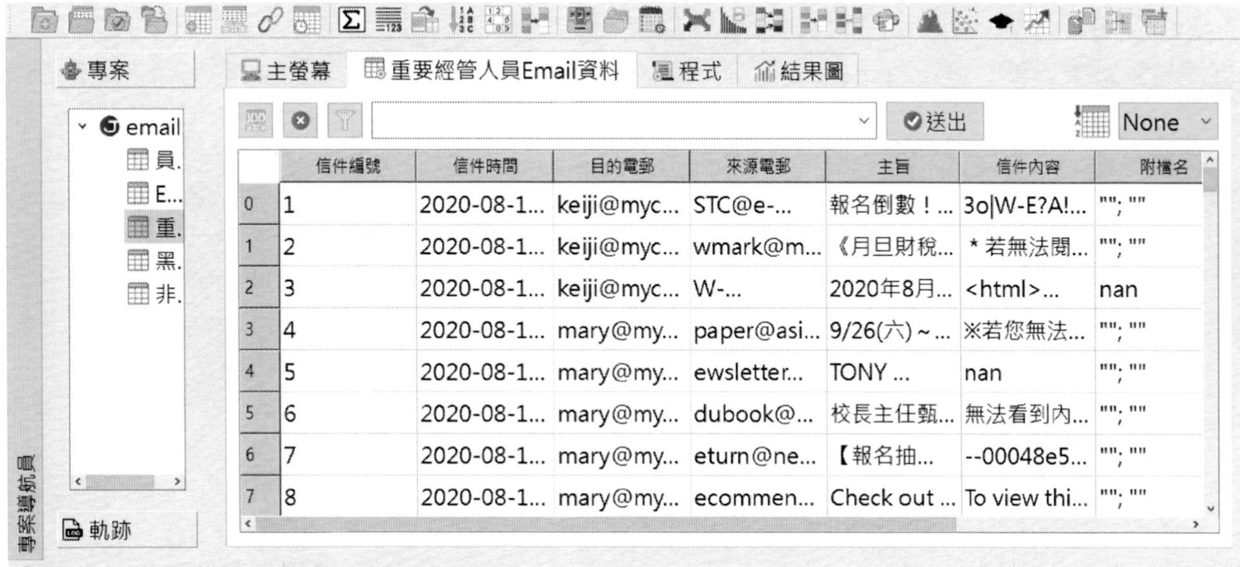

新增運算欄位：JOIN_KEY

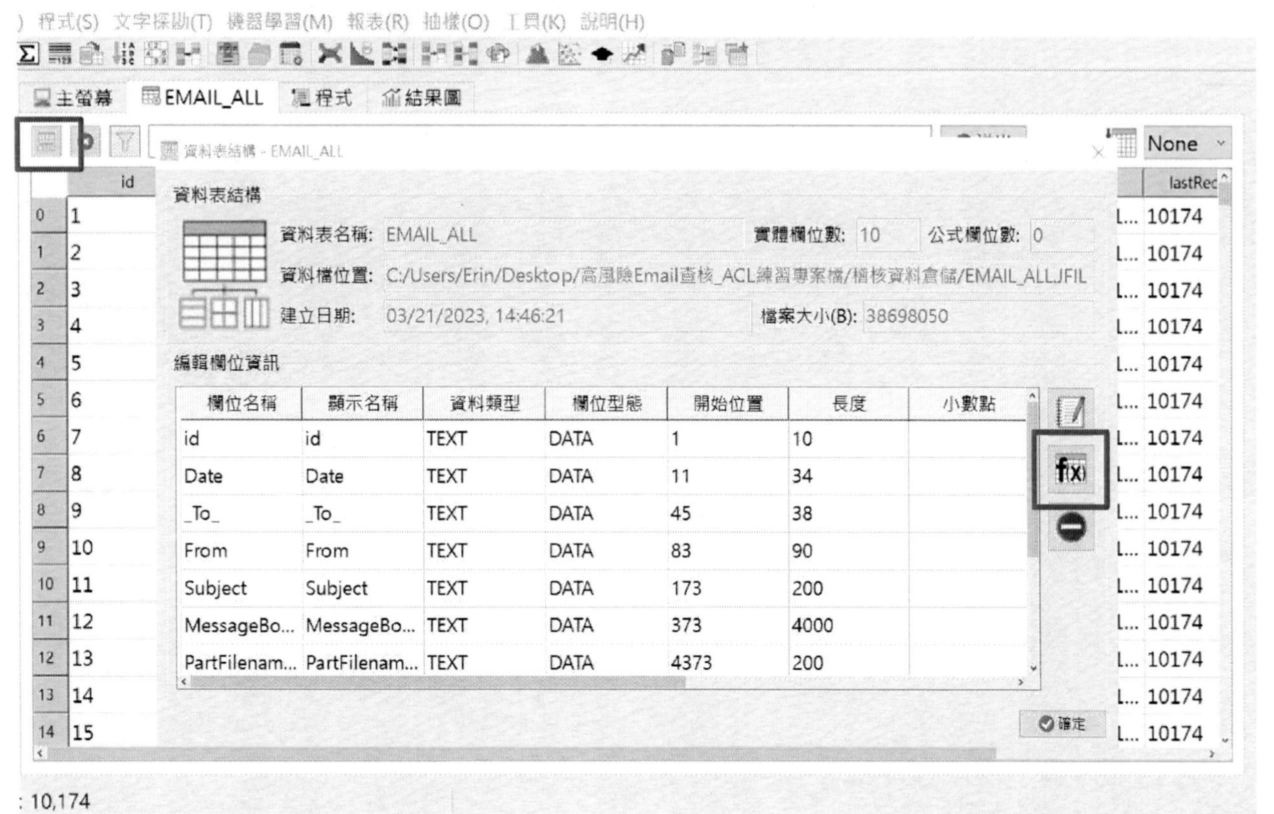

新增運算欄位：JOIN_KEY, 內容放” X” 值

完成重要經管人員Email資料之 JOIN_KEY新增

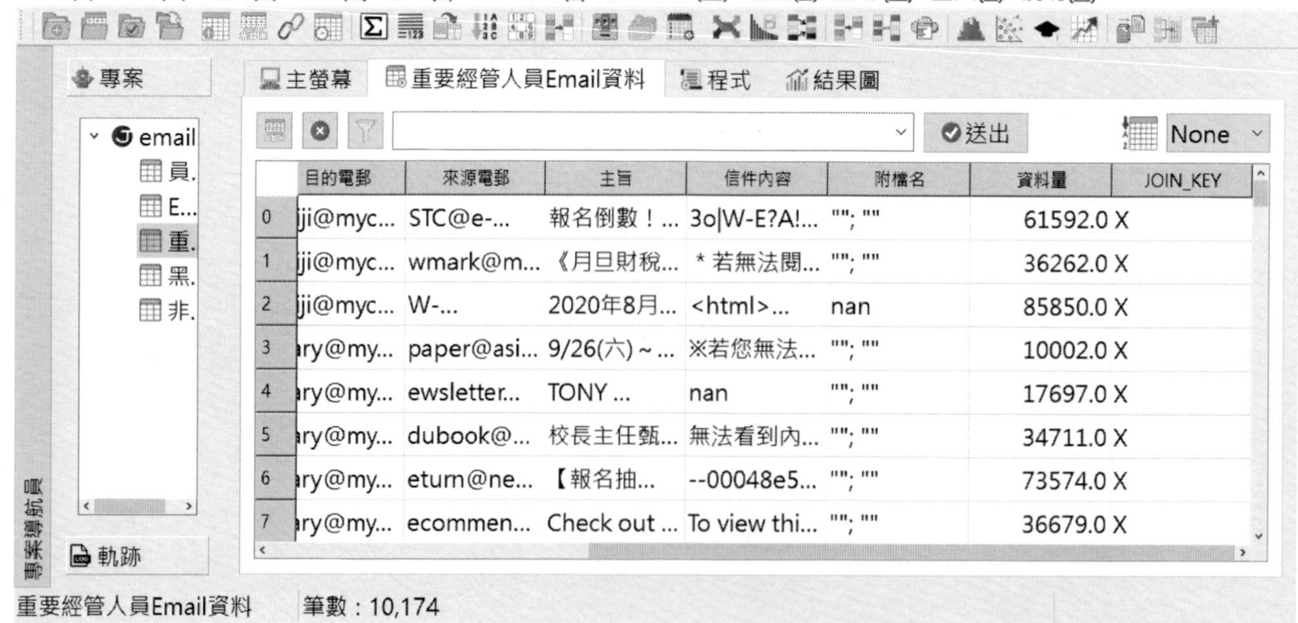

開啟重要黑名單關鍵字 相同步驟完成JOIN_KEY欄位新增

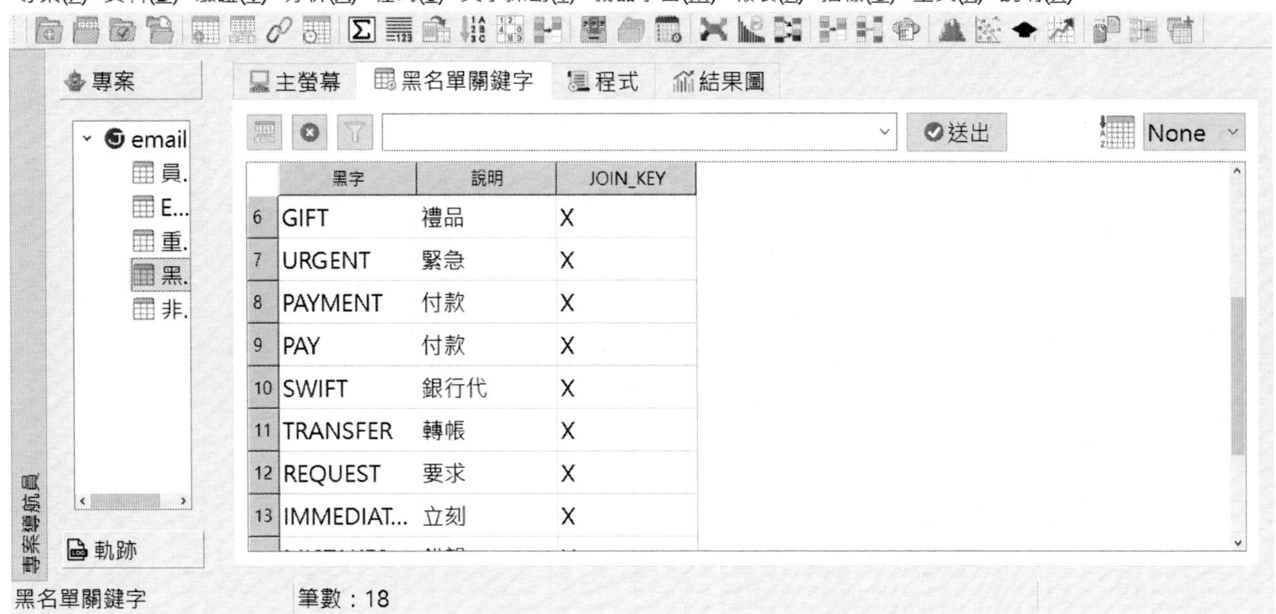

STEP2：Many to Many比對

- 開啟**經管人員重要Email資料檔**
- 分析→比對
- 次表Secondary Table選取**黑名單關鍵字**
- 主表與次表**關聯鍵(KEY): JOIN_KEY**
- 主表與次表欄位: **均選ALL**

分析資料 – Join

- 分析→比對→輸出設定
- 比對類型選取 Many to Many
- 輸入檔名為: TEMP_1

Many to Many比對結果

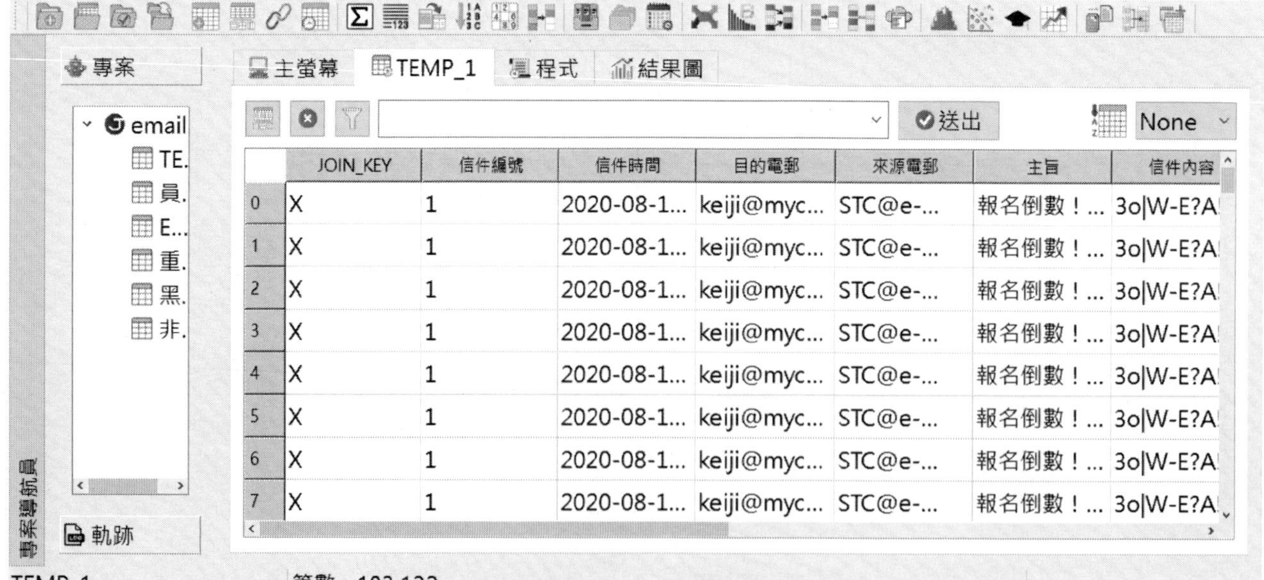

	JOIN_KEY	信件編號	信件時間	目的電郵	來源電郵	主旨	信件內容
0	X	1	2020-08-1...	keiji@myc...	STC@e-...	報名倒數！...	3o|W-E?A
1	X	1	2020-08-1...	keiji@myc...	STC@e-...	報名倒數！...	3o|W-E?A
2	X	1	2020-08-1...	keiji@myc...	STC@e-...	報名倒數！...	3o|W-E?A
3	X	1	2020-08-1...	keiji@myc...	STC@e-...	報名倒數！...	3o|W-E?A
4	X	1	2020-08-1...	keiji@myc...	STC@e-...	報名倒數！...	3o|W-E?A
5	X	1	2020-08-1...	keiji@myc...	STC@e-...	報名倒數！...	3o|W-E?A
6	X	1	2020-08-1...	keiji@myc...	STC@e-...	報名倒數！...	3o|W-E?A
7	X	1	2020-08-1...	keiji@myc...	STC@e-...	報名倒數！...	3o|W-E?A

STEP3：Set Filter 篩選
信件主旨與內容有黑名單關鍵字者

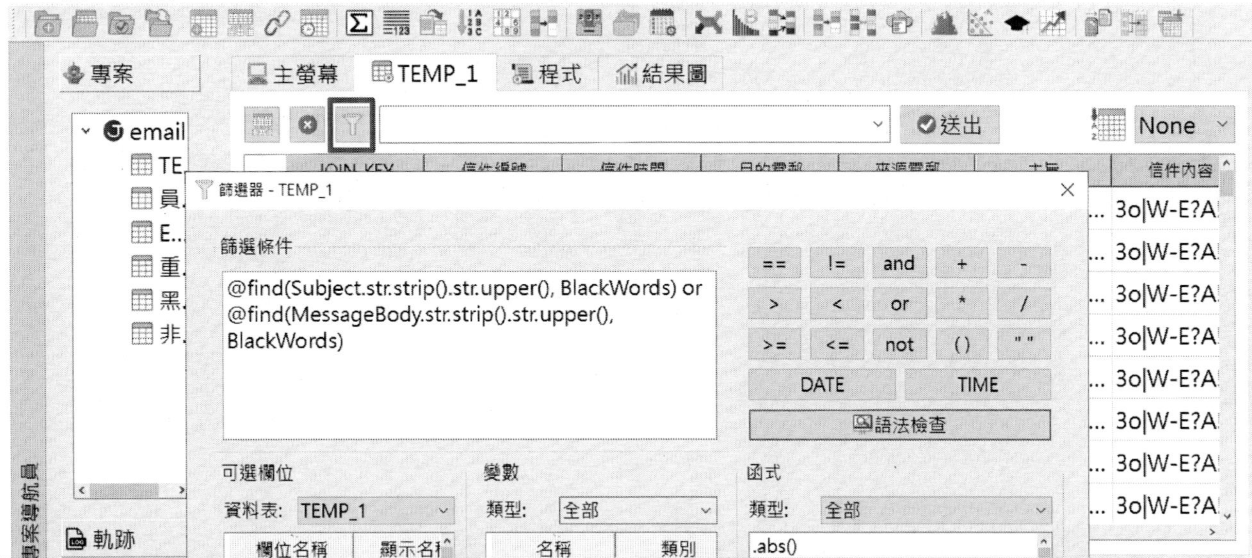

@find(Subject.str.strip().str.upper(), BlackWords) or @find(MessageBody.str.strip().str.upper(), BlackWords)

嫌疑資料篩選結果

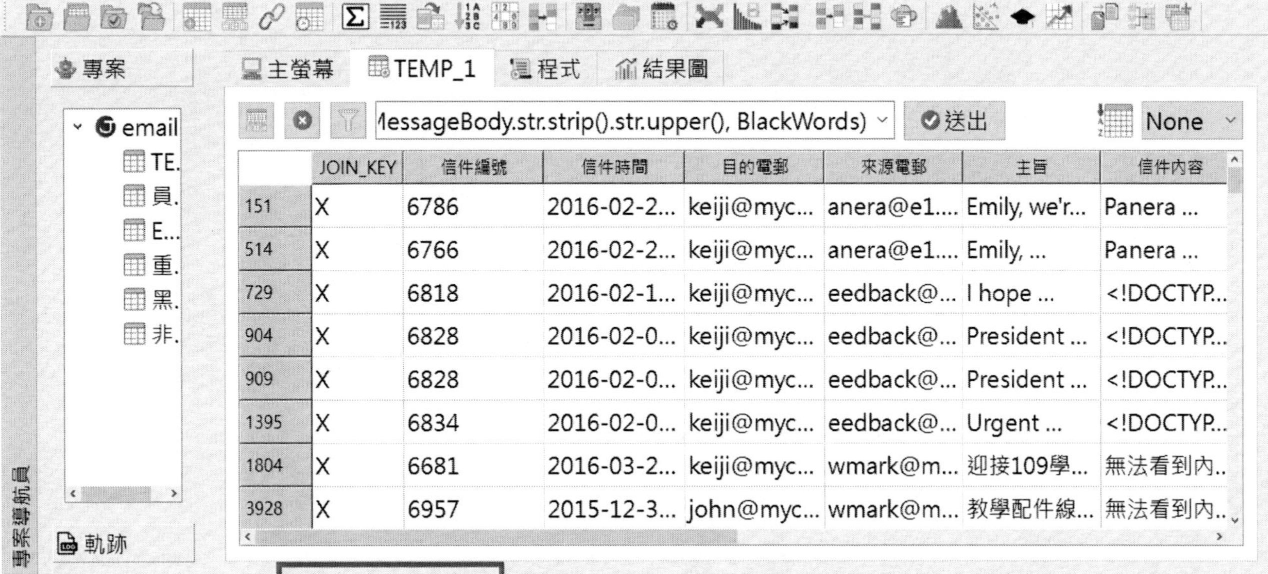

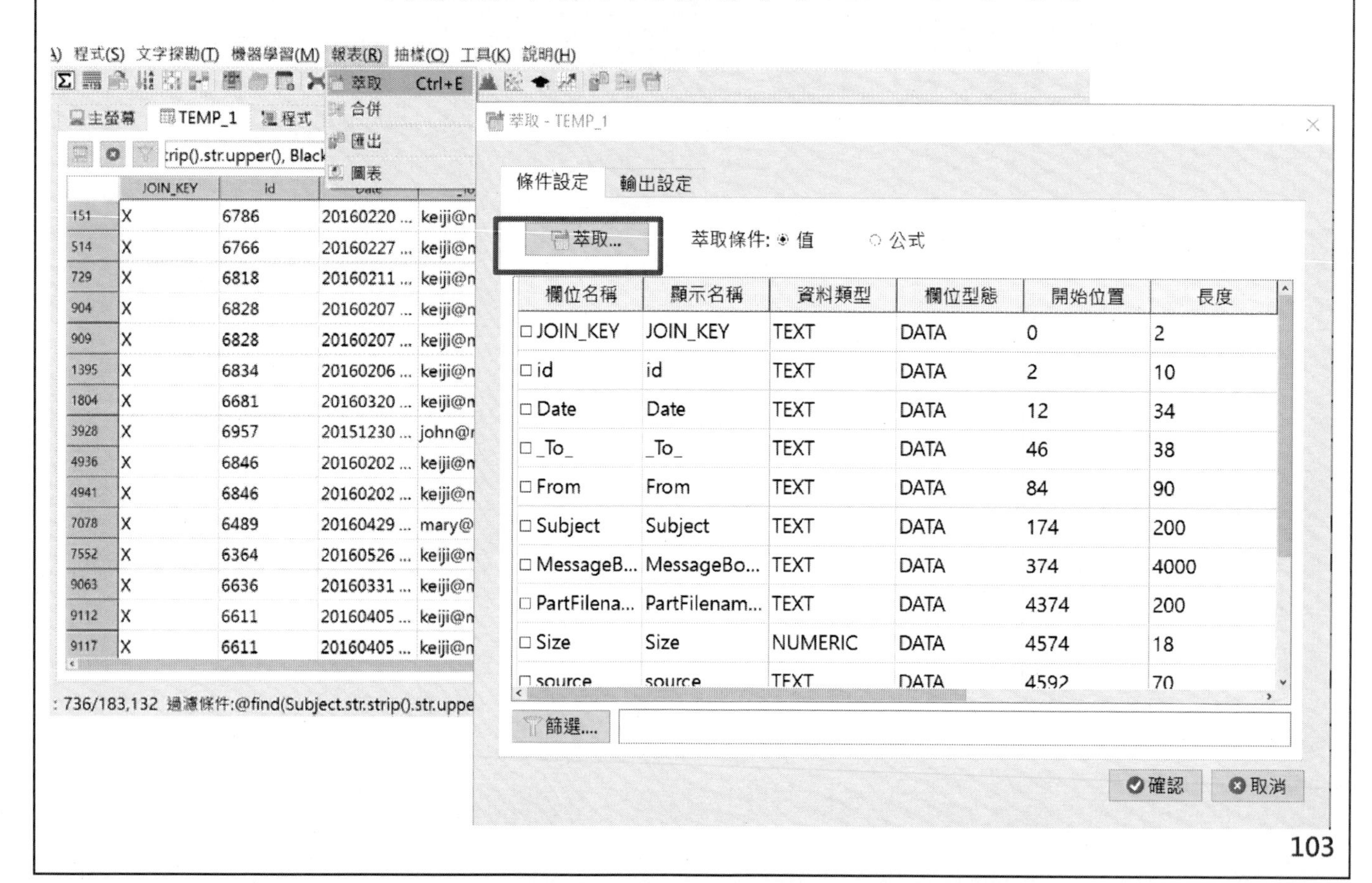
JCAATs-AI Audit Software
Copyright © 2023 JACKSOFT.
STEP4：隔離嫌疑資料:Extract
程式(S) 文字探勘(T) 機器學習(M) 報表(R) 抽樣(O) 工具(K) 說明(H)
萃取 Ctrl+E
合併
匯出
圖表
主螢幕
TEMP_1
程式
萃取 - TEMP_1
條件設定
輸出設定
萃取...
萃取條件: 值
公式
欄位名稱
顯示名稱
資料類型
欄位型態
開始位置
長度
JOIN_KEY JOIN_KEY TEXT DATA 0 2
id id TEXT DATA 2 10
Date Date TEXT DATA 12 34
_To_ _To_ TEXT DATA 46 38
From From TEXT DATA 84 90
Subject Subject TEXT DATA 174 200
MessageB... MessageBo... TEXT DATA 374 4000
PartFilena... PartFilenam... TEXT DATA 4374 200
Size Size NUMERIC DATA 4574 18
篩選...
確認
取消
: 736/183,132 過濾條件:@find(Subject.str.strip().str.uppe
103

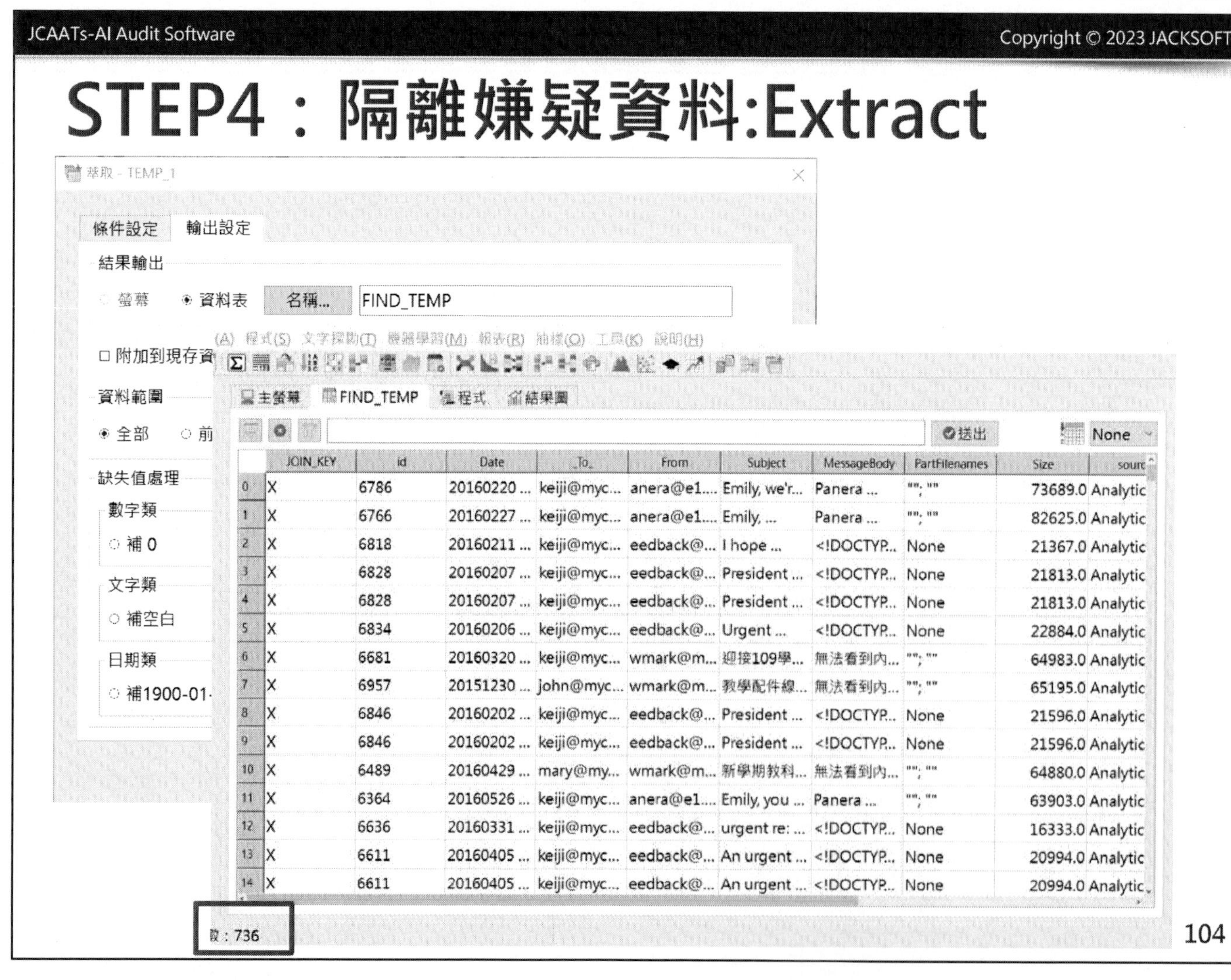
JCAATs-AI Audit Software
Copyright © 2023 JACKSOFT.
STEP4：隔離嫌疑資料:Extract
萃取 - TEMP_1
條件設定
輸出設定
結果輸出
螢幕
資料表
名稱...
FIND_TEMP
附加到現存資
資料範圍
全部
前
缺失值處理
數字類
補 0
文字類
補空白
日期類
補1900-01-
主螢幕
FIND_TEMP
程式
結果圖
送出
None
數：736
104

STEP5：高風險Email彙總(Summarize)

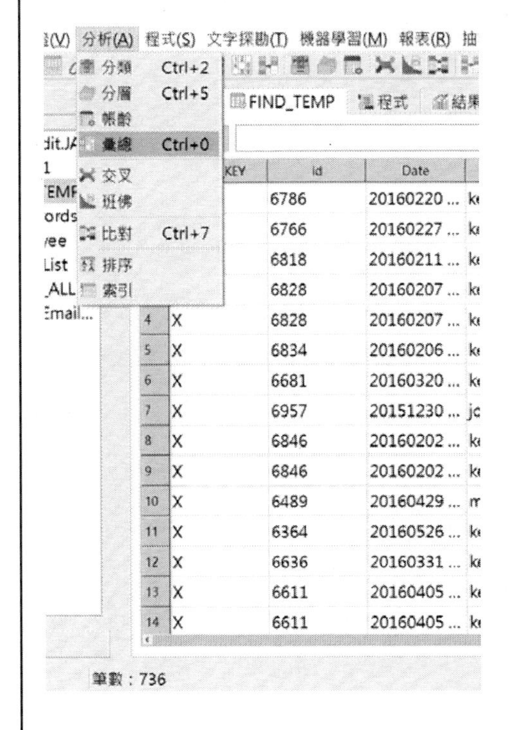

- 開啟： FIND_TEMP　　分析→彙總
- 彙總： 選擇信件編號(ID)欄位 進行彙總
- 列出欄位： 選擇ALL

高風險Email彙總：Summarize結果存成資料表

- 點選 "輸出設定"
  結果輸出後選擇" 資料表" ,另存成FIND_SUM後確定完成

SETP 6：分析資料–排序信件次數 (大->小)

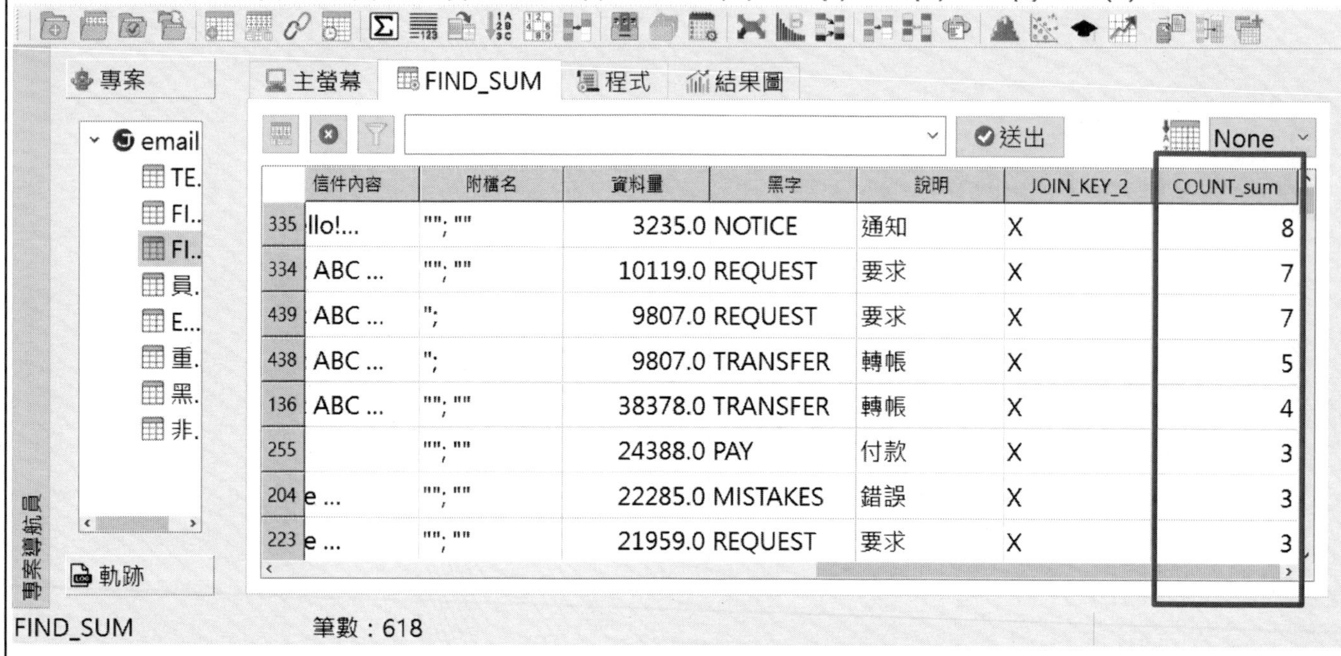

SETP 6：分析資料 –篩選適合查核參數 (COUNT>2)

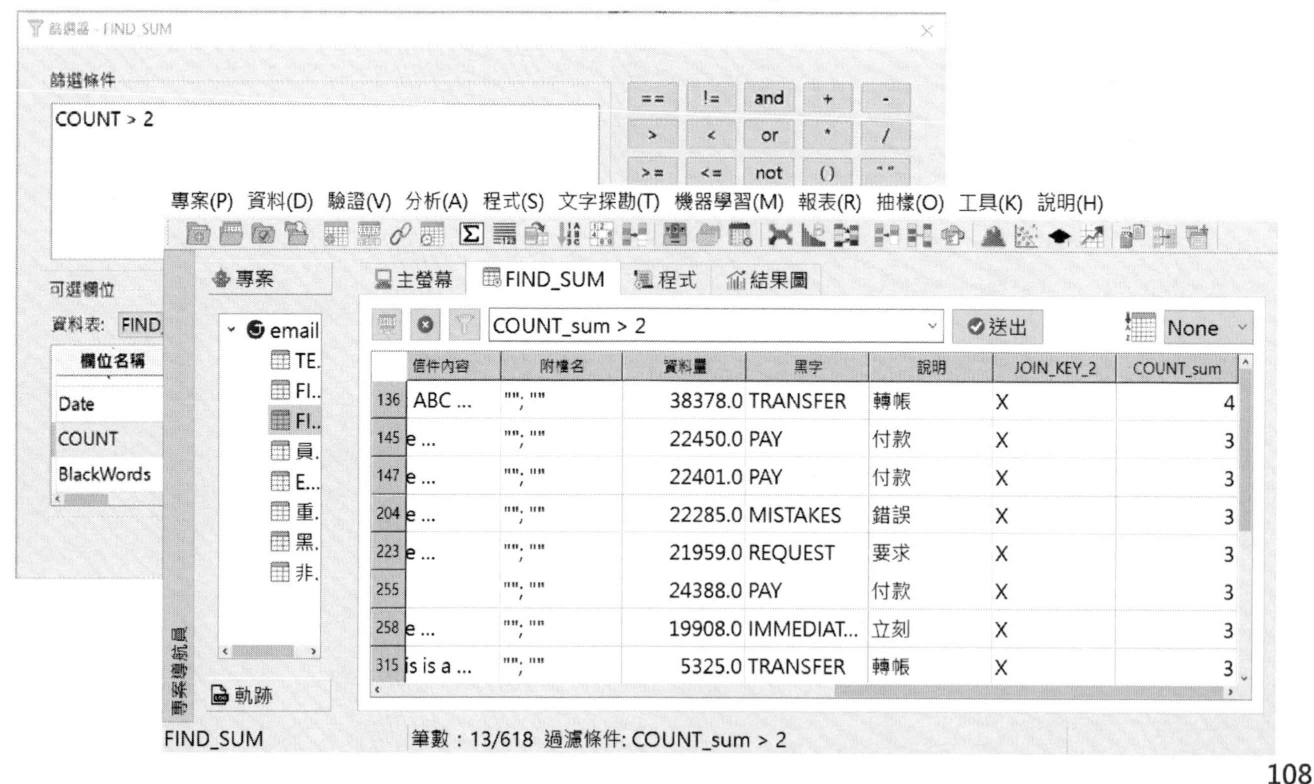

SETP 7：匯出資料 – EXTRACT結果

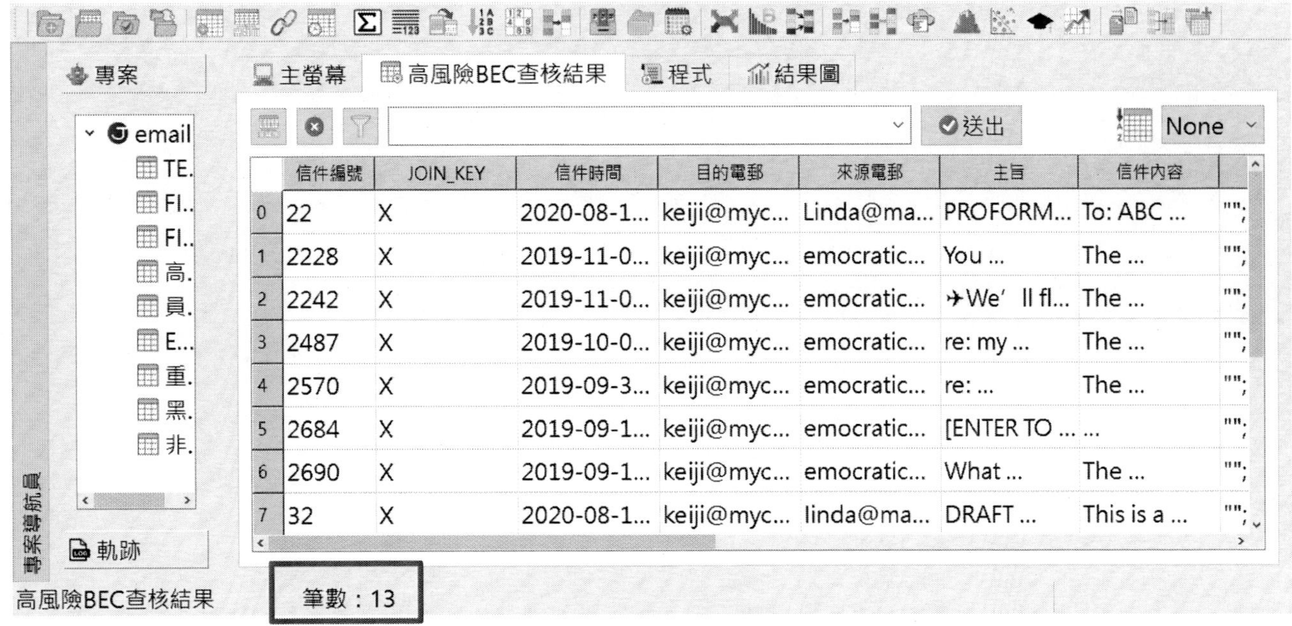

- 符合黑名單關鍵字且次數超過兩次者,
  須進一步追查高風險BEC信件的處理作業,是否依公司規定進行

高風險商務電子郵件詐騙(BEC)查核結果分析

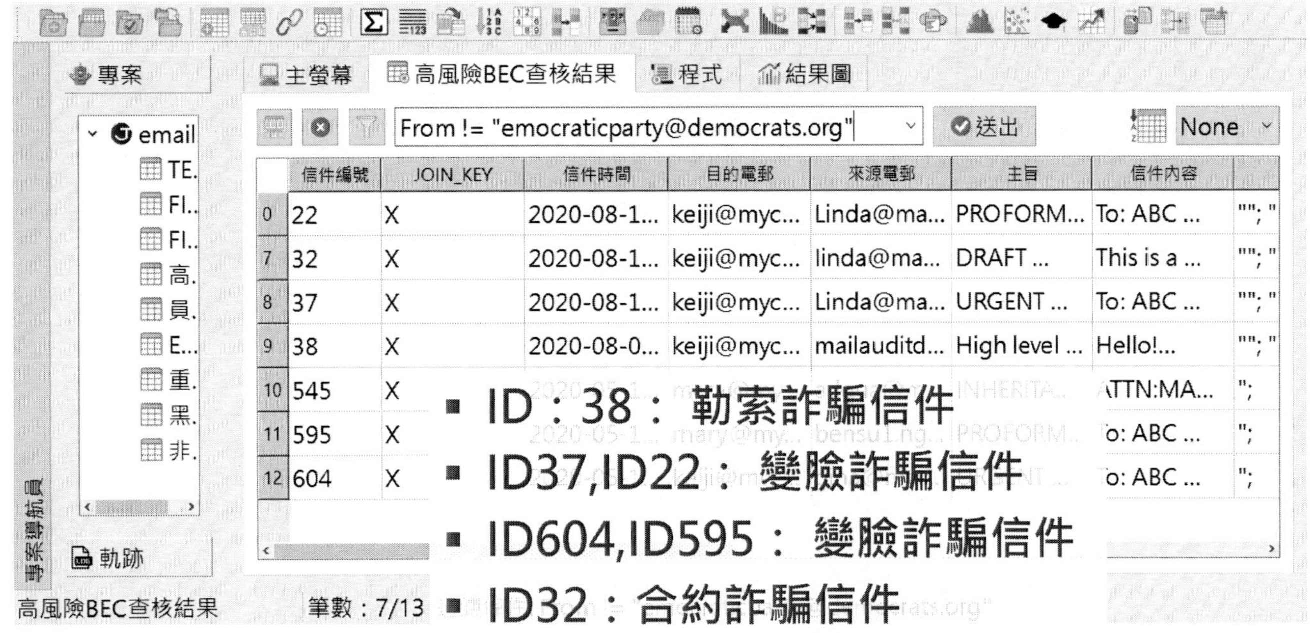

- ID：38： 勒索詐騙信件
- ID37,ID22： 變臉詐騙信件
- ID604,ID595： 變臉詐騙信件
- ID32：合約詐騙信件
- ID545 ：繼承詐騙信件

查核專案實例
上機演練三：
Email帳號共用查核

Email帳號共用查核流程圖

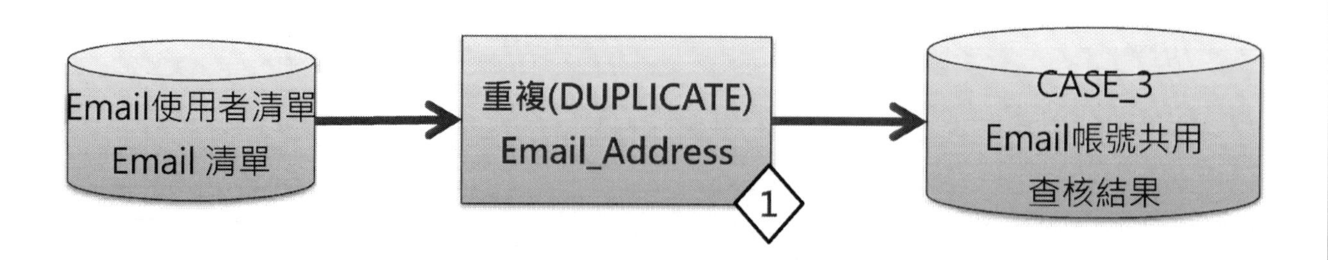

開啟Email使用者清單 查核是否有共用帳號(帳號重複)情況

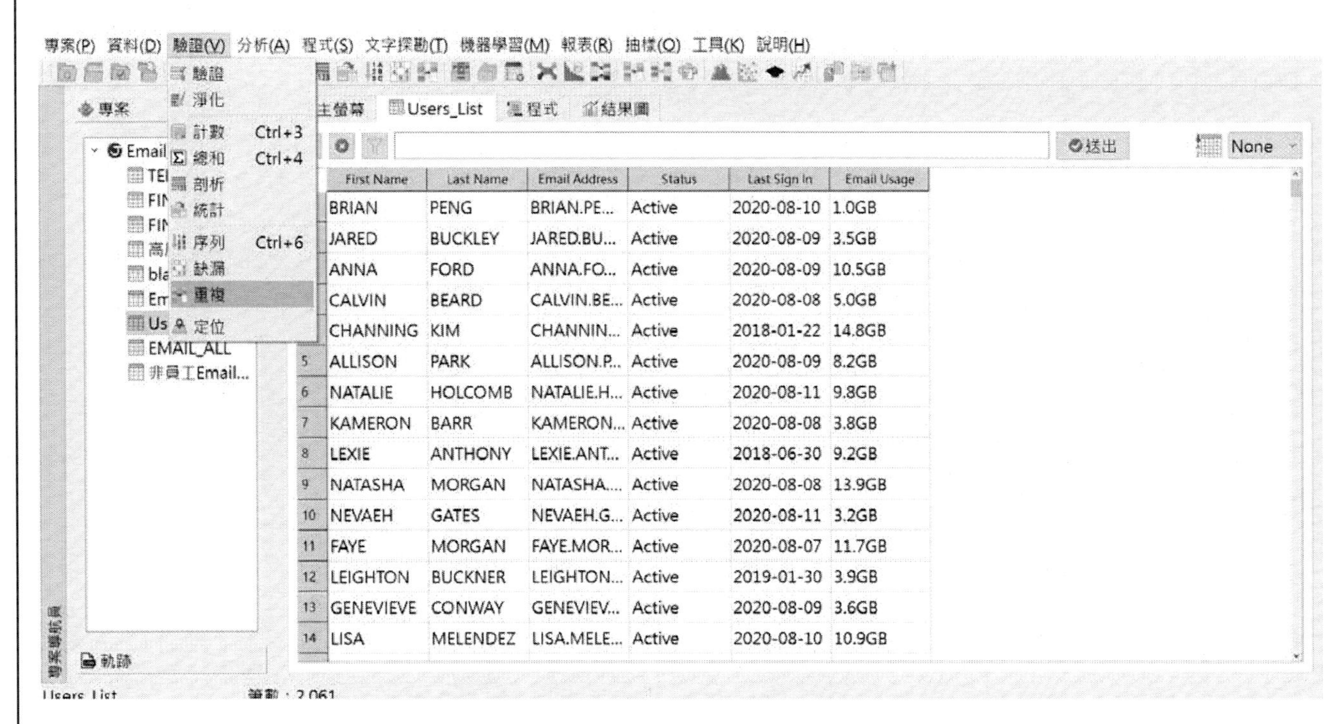

分析資料 – Duplicate (精確重複查核)

- 驗證→重複
- 重複：
  選擇Email帳號
  (Email Address)
  進行精確重複
  檢查
- **列出欄位**：
  選擇ALL

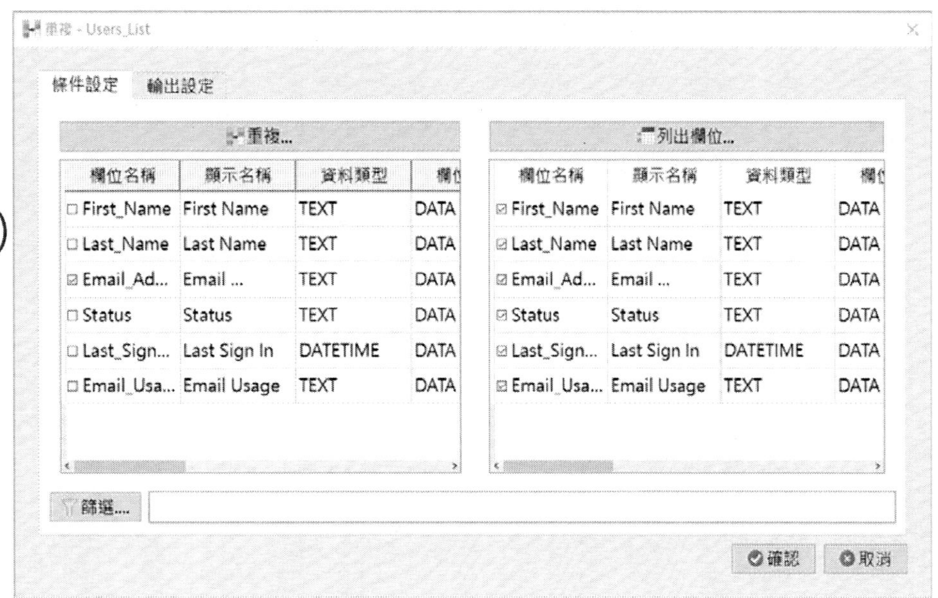

分析資料 – Duplicate (精確重複查核)

- 點選"輸出設定"頁簽
- 選擇"資料表",另存員工共用Email查核後,按下確定完成

Email帳號共用查核結果

專案(P) 資料(D) 驗證(V) 分析(A) 程式(S) 文字探勘(T) 機器學習(M) 報表(R) 抽樣(O) 工具(K) 說明(H)

專案 | 主螢幕 | 員工共用Email查核 | 程式 | 結果圖

送出 None

RECNO	電郵帳號	名字	姓氏	狀態	最後使用日	使用量

專案導航員 軌跡

員工共用Email查核 筆數：0

AI Audit Expert

查核專案實例
上機演練四：
Email使用者清單
疑似文字詐騙查核

Email使用者清單
疑似文字詐騙查核流程圖

開啟Email使用者清單(Users_List)

*查核是否有**Email使用者清單疑似文字詐騙**(模糊重複)異常資料

分析資料 – Fuzzy Duplicate

- 文字探勘→模糊重複
- **模糊重複**：
選擇Email帳號
(Email Address)
進行模糊重複檢查
- **列出欄位**：
選擇**ALL**列出所有欄位
- **編輯距離**：
設定**1** (表示差1字距)
- 差異比率(Difference Percentage)為50

分析資料 – Fuzzy Duplicate

- 文字探勘→模糊重複→輸出設定
- 存檔為：**Email使用者清單疑似文字詐騙查核**
- 點選「確定」

Email使用者清單疑似文字詐騙查核結果評估

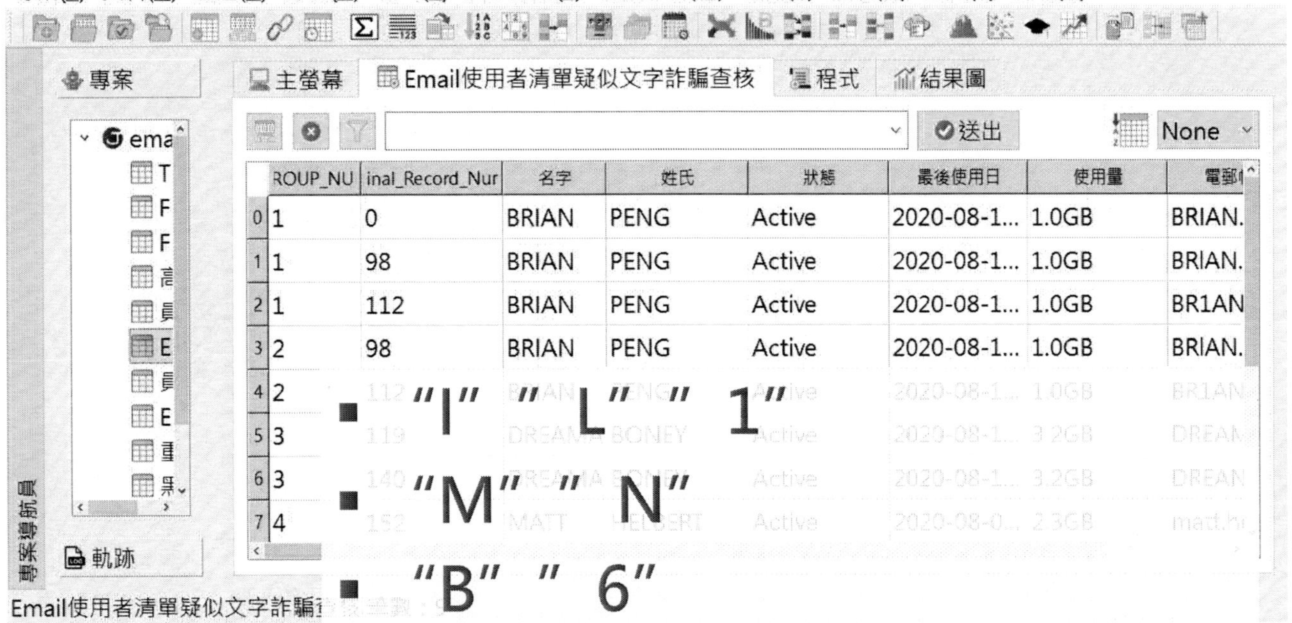

需評估是否有被虛植詐騙帳號?

查核專案實例
上機演練五：
來源Email信件帳號
疑似文字詐騙帳號查核

來源Email信件帳號 疑似文字詐騙帳號查核流程圖

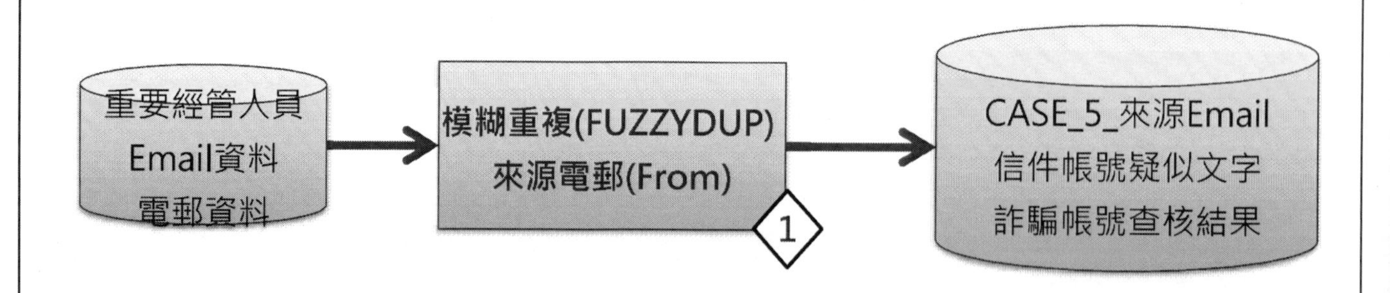

來源Email信件帳號 疑似文字詐騙帳號查核

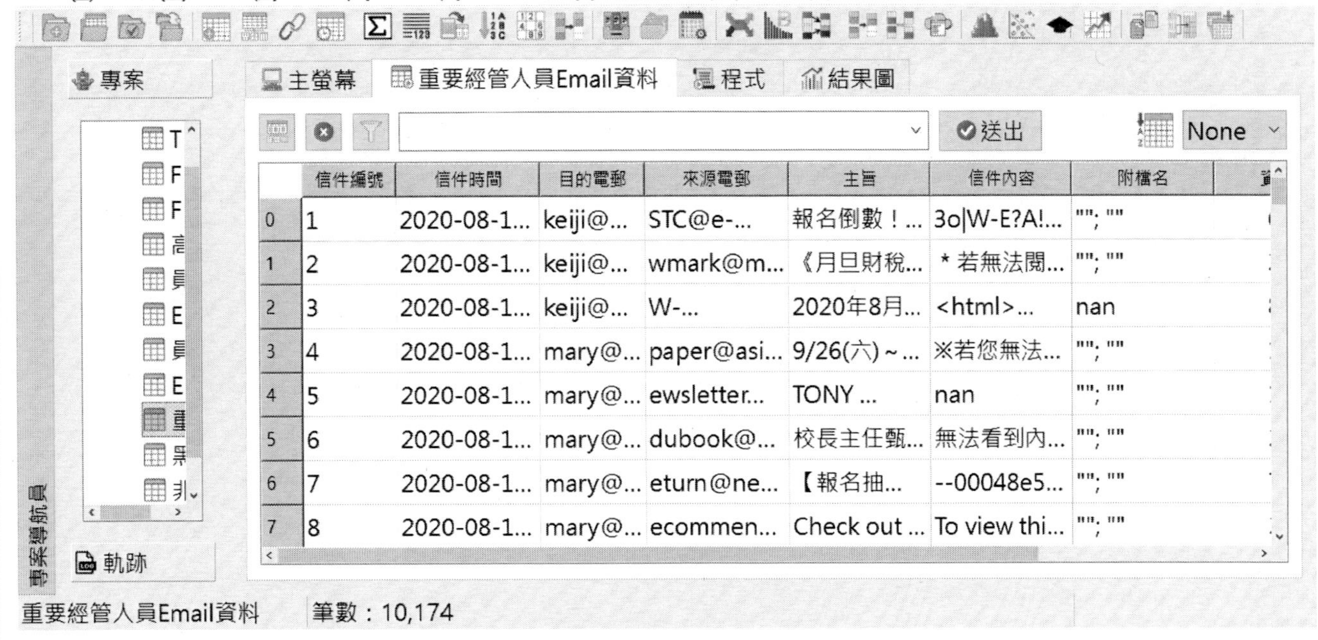

開啟：重要經管人E-mail資料(Email_ALL)

JCAATs-AI Audit Software
Copyright © 2023 JACKSOFT.

分析資料 – Fuzzy Duplicate

- 文字探勘->模糊重複
- **模糊重複**：
  選擇**來源電郵**(From)
  進行模糊重複檢查
- **列出欄位**：
  選擇**ALL**列出所有欄位
- **編輯距離**：
  設定1 (表示差1字距)
- 差異比率(Difference Percentage)為50

分析資料 – Fuzzy Duplicate

- 存檔為：**來源Email信件帳號疑似文字詐騙帳號查核**
- 點選「確定」

來源Email信件帳號疑似文字詐騙帳號查核結果評估

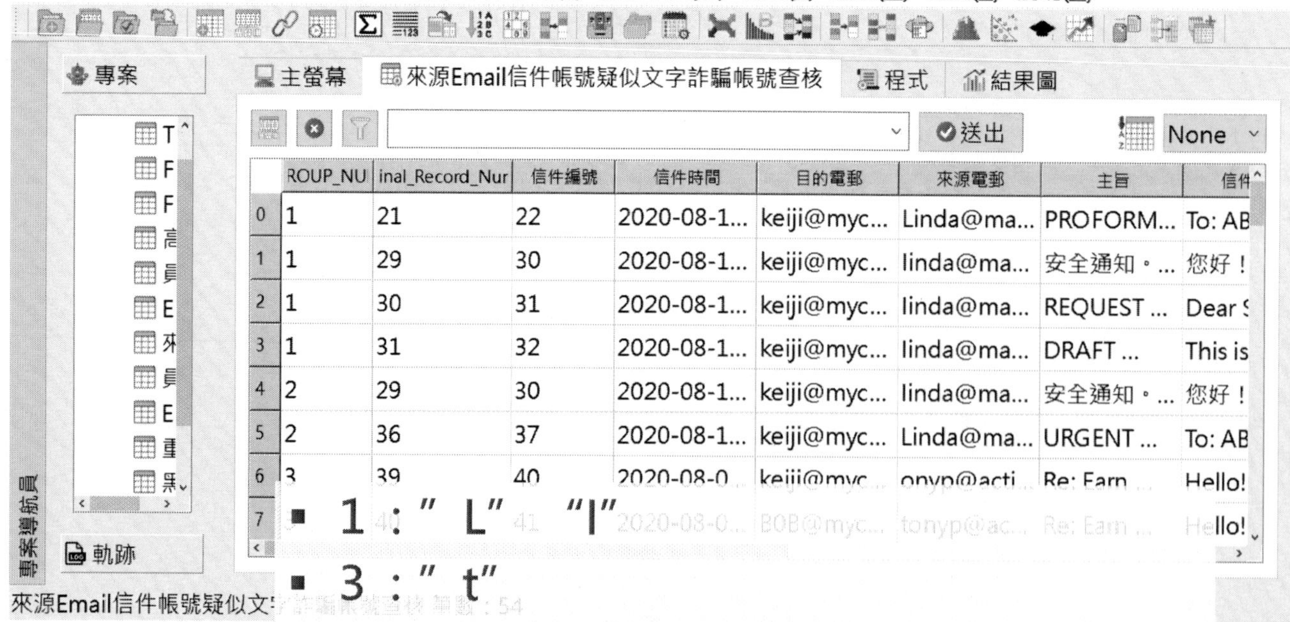

	ROUP_NU	inal_Record_Nur	信件編號	信件時間	目的電郵	來源電郵	主旨	信件
0	1	21	22	2020-08-1...	keiji@myc...	Linda@ma...	PROFORM...	To: AB
1	1	29	30	2020-08-1...	keiji@myc...	linda@ma...	安全通知。...	您好！
2	1	30	31	2020-08-1...	keiji@myc...	linda@ma...	REQUEST ...	Dear S
3	1	31	32	2020-08-1...	keiji@myc...	linda@ma...	DRAFT ...	This is
4	2	29	30	2020-08-1...	keiji@myc...	linda@ma...	安全通知。...	您好！
5	2	36	37	2020-08-1...	keiji@myc...	Linda@ma...	URGENT ...	To: AB
6	3	39	40	2020-08-0...	keiji@myc...	onyp@acti...	Re: Earn ...	Hello!
7	3	40	41	2020-08-0...	BOB@myc...	tonyp@ac...	Re: Earn ...	Hello!

- 1：”L” ”l”
- 3：”t”

需評估是否為詐騙郵件帳號?

情境五：來源Email信件帳號 疑似文字詐騙帳號查核結果評估

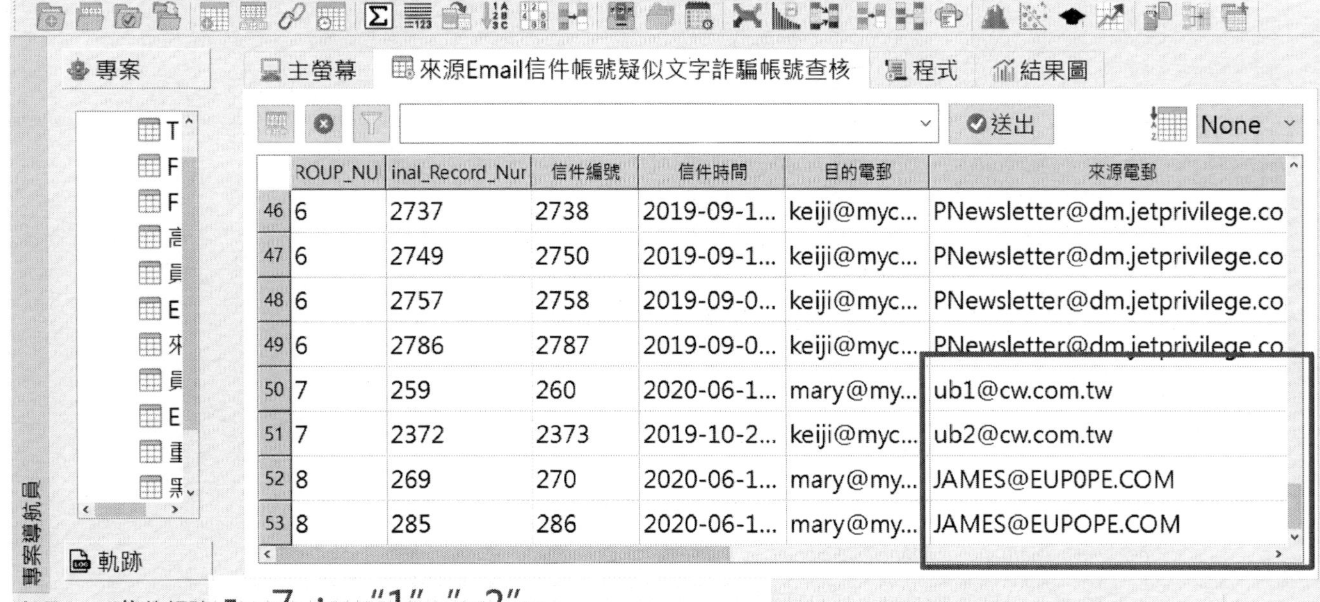

ROUP_NU	inal_Record_Nur	信件編號	信件時間	目的電郵	來源電郵
46 6	2737	2738	2019-09-1...	keiji@myc...	PNewsletter@dm.jetprivilege.co
47 6	2749	2750	2019-09-1...	keiji@myc...	PNewsletter@dm.jetprivilege.co
48 6	2757	2758	2019-09-0...	keiji@myc...	PNewsletter@dm.jetprivilege.co
49 6	2786	2787	2019-09-0...	keiji@myc...	PNewsletter@dm.jetprivilege.co
50 7	259	260	2020-06-1...	mary@my...	ub1@cw.com.tw
51 7	2372	2373	2019-10-2...	keiji@myc...	ub2@cw.com.tw
52 8	269	270	2020-06-1...	mary@my...	JAMES@EUP0PE.COM
53 8	285	286	2020-06-1...	mary@my...	JAMES@EUPOPE.COM

- 7： "1" " 2"
- 8： "0" " O"
- 需評估是否為詐騙郵件帳號?

jacksoft | AI Audit Expert

www.jacksoft.com.tw

JCAATs AI稽核軟體 --EMAIL 資料連結器

Email查核準備工作—資料收集表

須事先收集好要匯入Email的連線相關資訊

ODBC連線資訊	說明	資料
Connection Name	連線名稱	
Protocol	連線服務協定	
user	使用者帳號	
Password	使用者密碼	
server	Mail Server名稱	
port	服務協定使用之通訊埠	

Ps.因Email資料擷取有安全控管機制,
第一次執行資料取得時，請盡量由
專業技術顧問或資安處人員協助指導

JCAATs EMAIL資料匯入連接器

- **JCAATs** 提供有**EMAIL資料匯入連接器**，供使用者可以選擇SMTP或 IMAP格式檔案來進EMAIL的辨識，將辨識後的文字匯入到JCAATs進行更進階的資料分析。

- 使用者須先**收集Email的連線相關資訊**再來進行EMAIL資料匯入，節省人力和時間。

ODBC連線資訊	說明
Connection Name	連線名稱
Protocol	連線服務協定
user	使用者帳號
Password	使用者密碼
server	Mail Server名稱
port	服務協定使用之通訊埠

JCAATs 雲端服務連接器

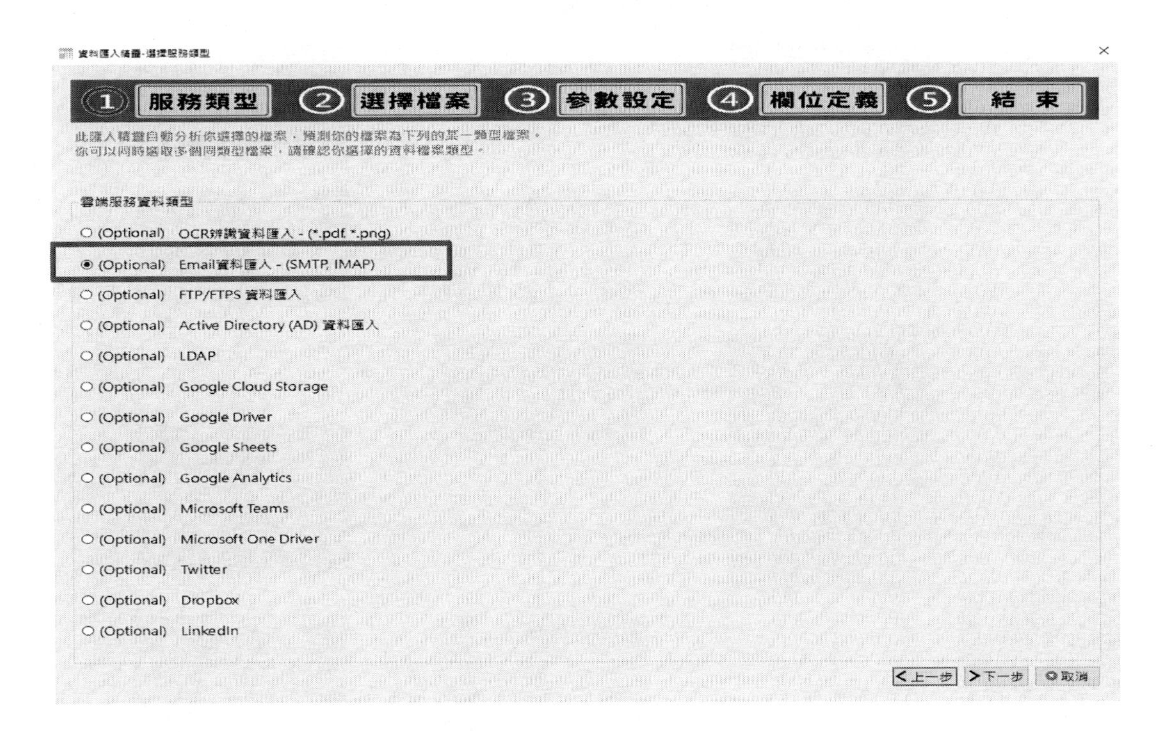

*以上Email匯入雲端服務器為JCAATs 專業版選購模組，若有需求歡迎另洽JACKSOFT提供完整使用說明手冊與線上學習影片

內控三道防線有效防禦實務應用

- 本質上的勘查與調查
- 找出證據證明結論與提出建議

- 從多重資料來源定期進行分析作業
- 改善查核效率、一致性、與品質

- 對主要營業循環進行線上持續性稽核與監控
- 對任何不正常趨勢、型態、以及例外情形及時通報
- 支援風險評估和促使組織運行更有效率

專案性分析-

✓專案分析審查
✓在特定時間進行
✓以產生查核報告為目的

重複性分析

✓管理例行性分析作業
✓由資料分析專家產生
✓在集中安全的環境中使用，可讓所有部門同仁運用

持續性分析

✓持續地進行自動化稽核測試作業，辨識出他們所發生的錯誤、異常資料、不正常型態、及例外資料

持續性稽核及持續性監控管理架構

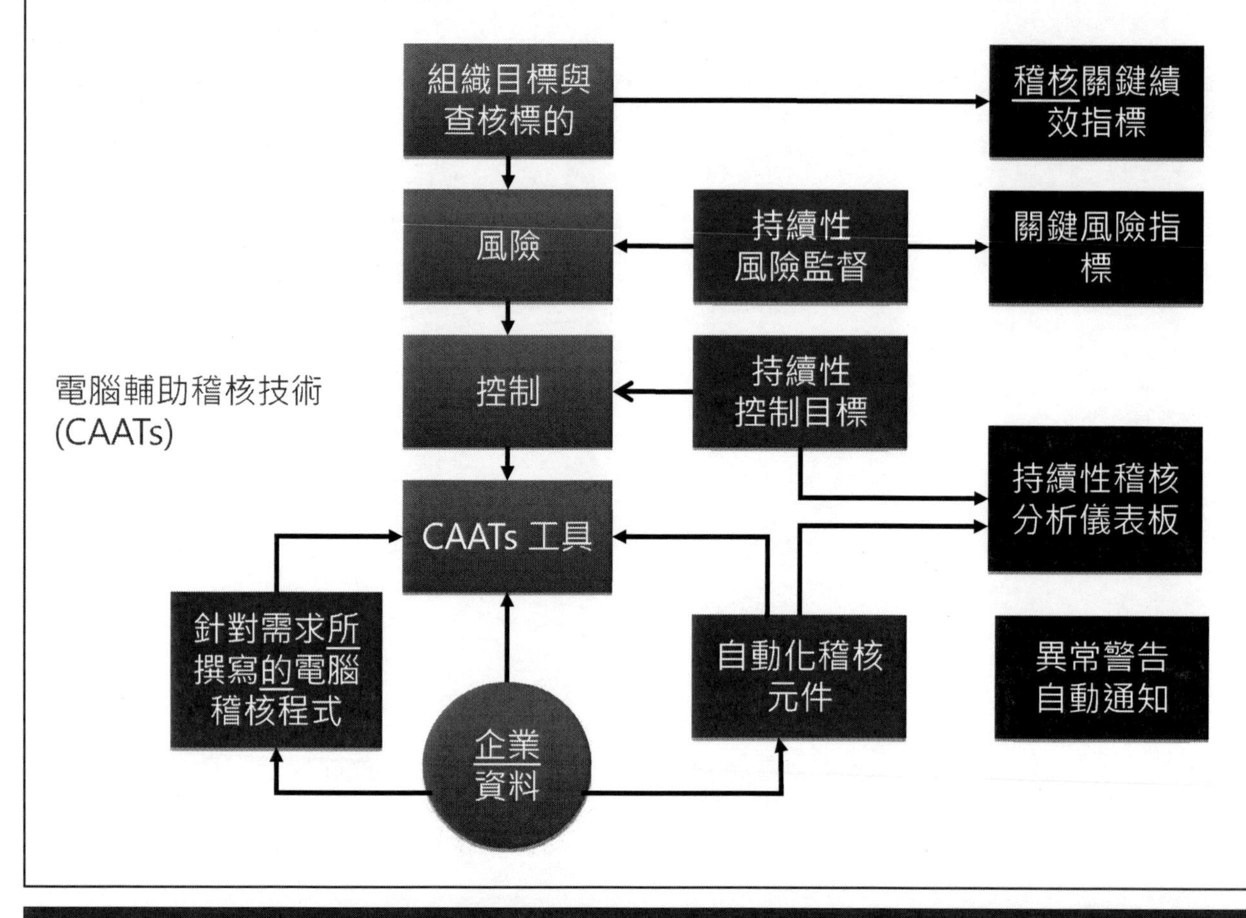

如何建立JCAATs專案持續稽核

- 持續性稽核專案進行六步驟：

1 • 資料 ➡ 2 • 程式 ➡ 3 • 設定 ➡ 4 • 排程 ➡ 5 • 執行 ➡ 6 • 通知

▲**稽核自動化：**

電腦稽核主機 - 一天可以工作24 小時

建置持續性稽核APP的基本要件

- 將手動操作分析改為自動化稽核
  - –將專案查核過程轉為JCAATs Script
  - –確認資料下載方式及資料存放路徑
  - –JCAATs Script修改與測試
  - –設定排程時間自動執行
- 使用持續性稽核平台
  - –包裝元件
  - –掛載於平台
  - –設定執行頻率

JISBot 資訊安全稽核機器人

1. 標準化程式格式，容易了解與分享
2. 安裝簡易，快速解決彈性制度變化
3. 有效轉換資訊投資與稽核知識成為公司資產
4. 建立元件方式簡單，自己可動手進行

防範電子郵件詐騙(BEC)-自動化稽核元件

非員工Email查核
高風險BEC查核

Email使用者清單疑似文字詐騙帳號查核

Email帳號共用查核

來源Email信件帳號疑似文字詐騙帳號查核

JTK 持續性電腦稽核管理平台

開發稽核自動化元件　　經濟部發明專利第 I 380230號　　稽核結果E-mail 通知

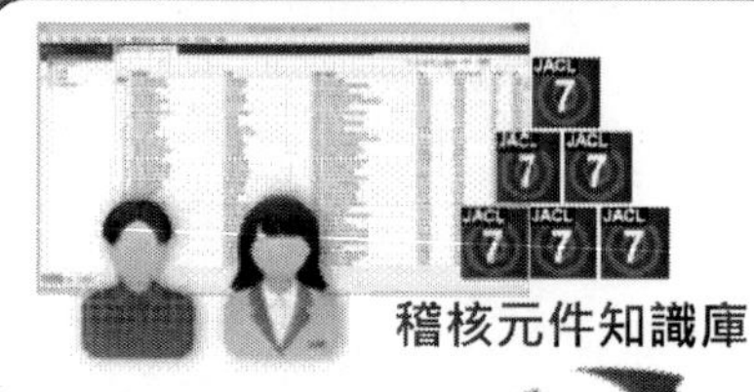

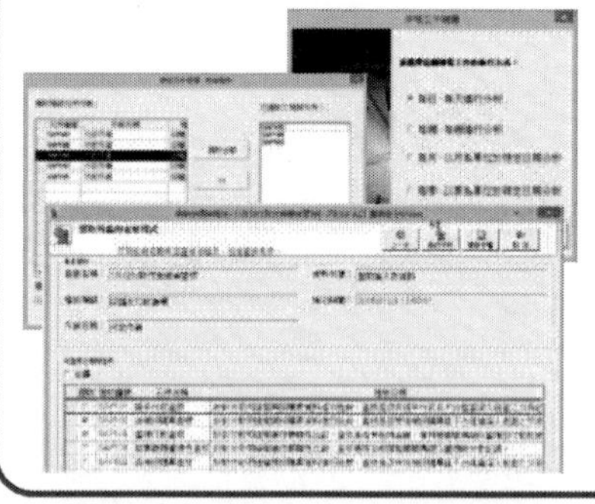

稽核自動化元件管理　　稽核自動化底稿管理與分享

■稽核自動化：電腦稽核主機
一天24小時一周七天的為我們工作。

JTK | Jacksoft ToolKits For Continuous Auditing
The continuous auditing platform

JTK 持續性電腦稽核管理平台

超過百家客戶口碑肯定 持續性稽核第一品牌

無縫接軌 AI 智慧稽核新作業環境

透過最新AI智能大數據資料分析引擎，進行持續性稽核 (Continuous Auditing) 與持續性監控 (Continuous Monitoring) 提升組織韌性，協助成功數位轉型，提升公司治理成效。

海量資料分析引擎

利用CAATs不限檔案容量與強大的資料處理效能，確保100%的查核涵蓋率。

資訊安全 高度防護

加密式資料傳遞、資料遮罩、浮水印等資安防護，個資有保障，系統更安全。

多維度查詢稽核底稿

可依稽核時間、作業循環、專案名稱、分類查詢等角度查詢稽核底稿。

多樣圖表 靈活運用

可依查核作業特性，適性選擇多樣角度，對底稿資料進行個別分析或統計分析。

JTK持續性稽核平台儀表板

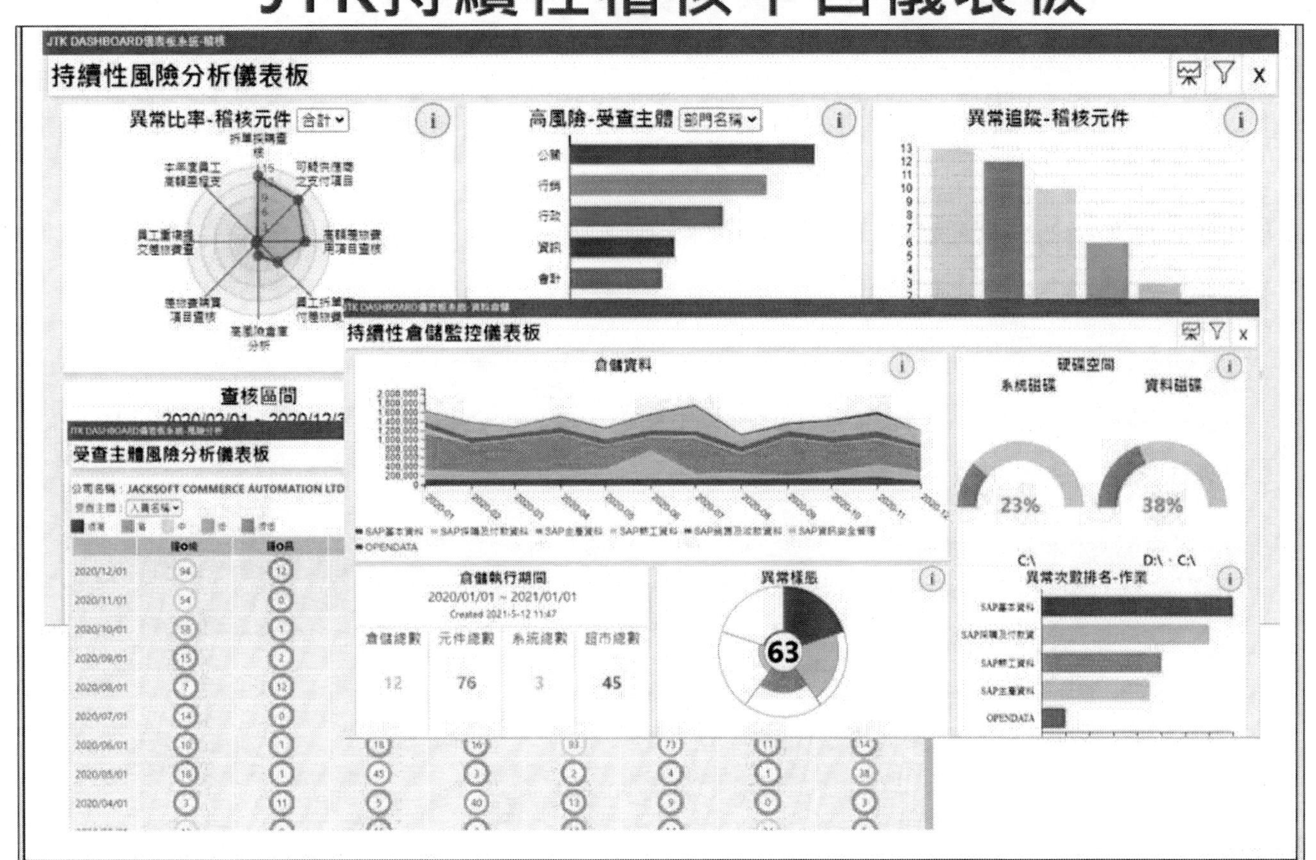

電腦稽核軟體應用學習Road Map

資安科技

國際網際網路稽核師

國際資料庫電腦稽核師

永續發展

ICEA國際ESG稽核師

稽核法遵

國際ERP電腦稽核師

國際鑑識會計稽核師

國際電腦稽核軟體應用師

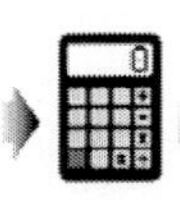

專業級證照- ICCP

國際電腦稽核軟體應用師(專業級)
International Certified CAATs Practitioner

CAATs
-Computer-Assisted Audit Technique
強調在電腦稽核輔助工具使用的職能建立

職能	說明
目的	證明稽核人員有使用電腦稽核軟體工具的專業能力。
學科	電腦審計、個人電腦應用
術科	CAATs 工具

AI智慧化稽核流程

~透過最新AI稽核技術建構內控三道防線的有效防禦，
協助內部稽核由事後稽核走向事前稽核~

事後稽核

- 查核規劃：■訂定系統查核範圍，決定取得及讀取資料方式
- 程式設計：■資料完整性驗證，資料分析稽核程序設計
- 執行查核：■執行自動化稽核程式
- 結果報告：■自動產生稽核報告

事前稽核

- 學習資料：■建立學習資料
- 機器學習：■執行訓練
- 預測分析：■執行預測
- 成果評估：■預測結果評估

監督式機器學習　　非監督式機器學習

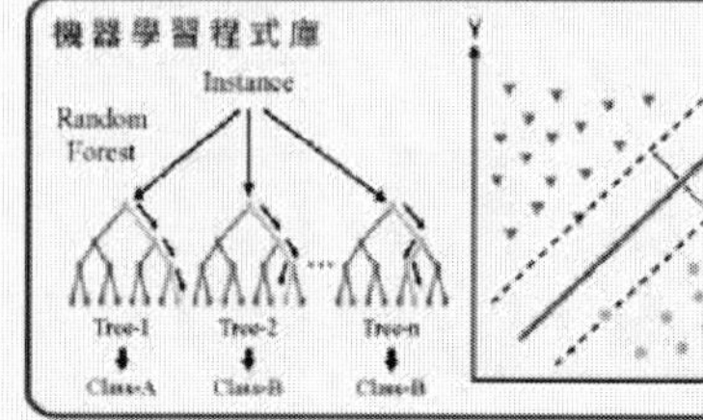

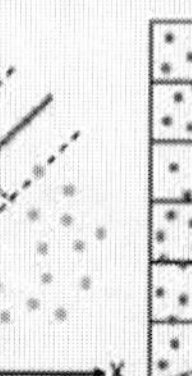

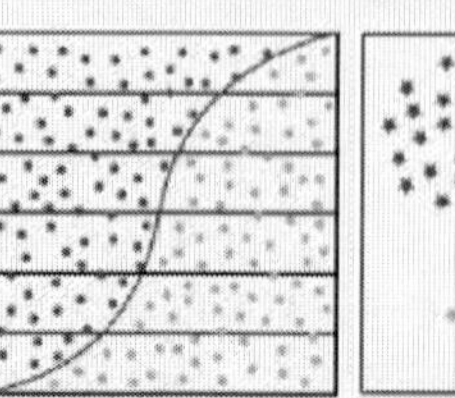

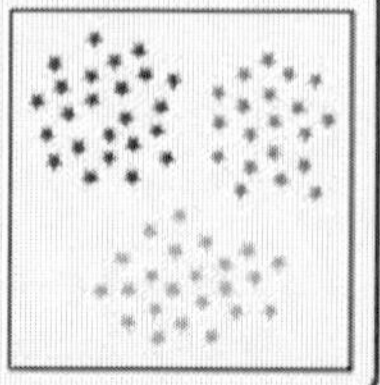

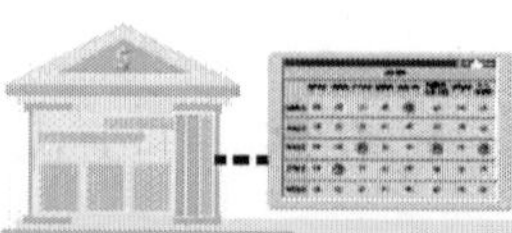

持續性稽核與持續性機器學習
協助作業風險預估開發步驟

JISBot資訊安全稽核機器人模組

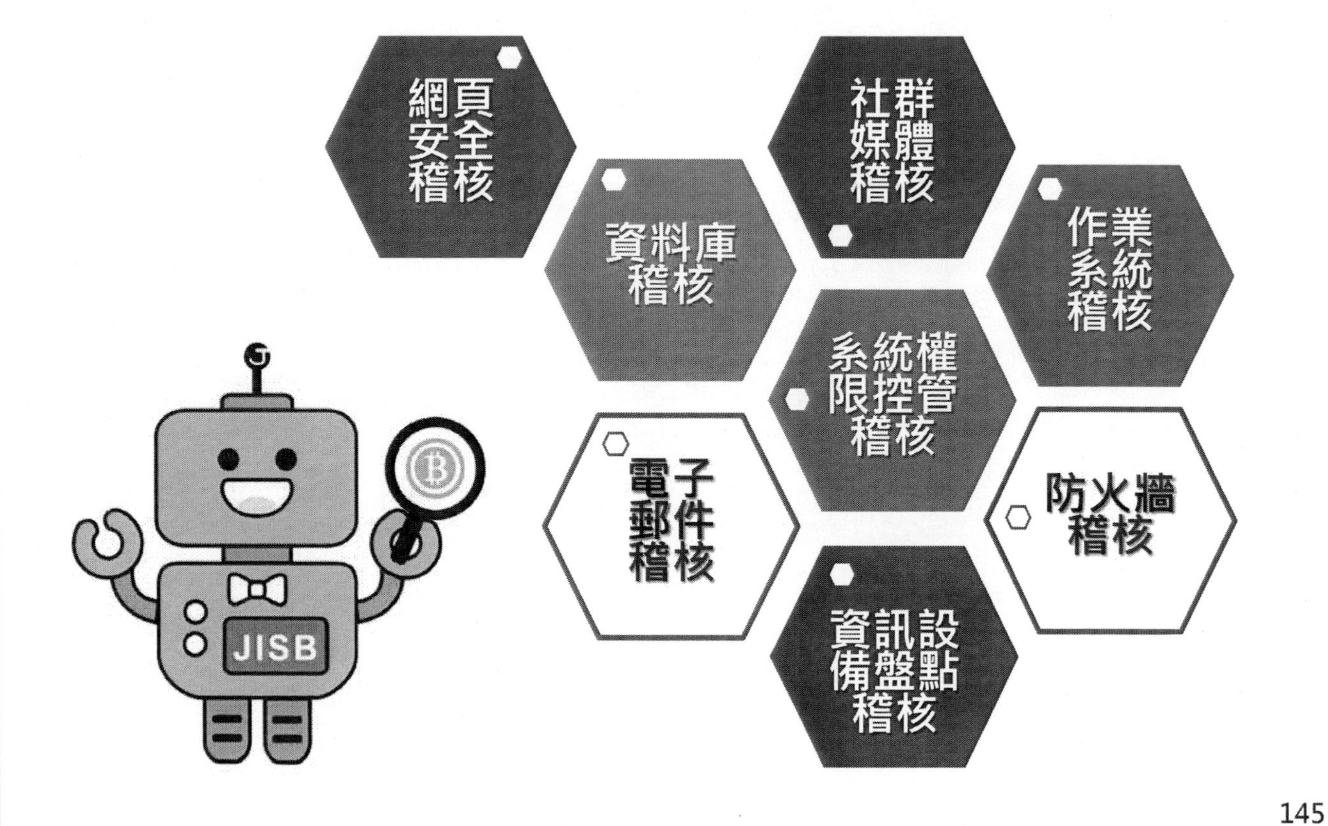

資訊安全持續性稽核範例

FORTINET防火牆高風險POR...

圖表　　　　　　　　功能

前十名排行榜

分類欄位:設備	筆數
1 AllWrong3	24
2 Fortigate	24
3 AllWrong1	22
4 AllWrong	19
5 AllWrong2	14
6 Fortigate3	6
7 Fortigate4	5
8 Fortigate7	5
9 AllWrong4	5
10 Fortigate2	4

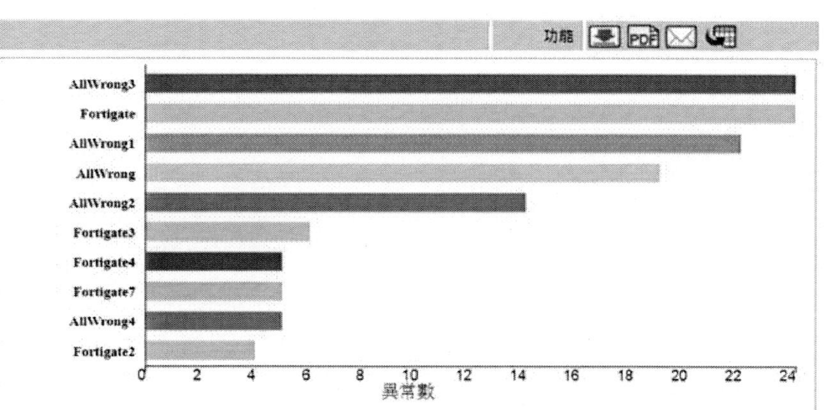

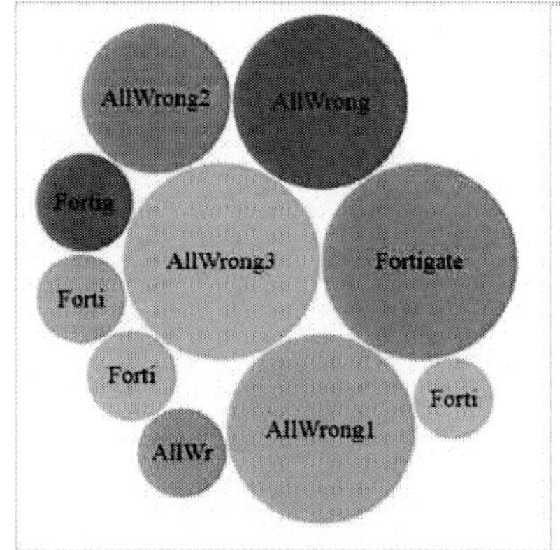

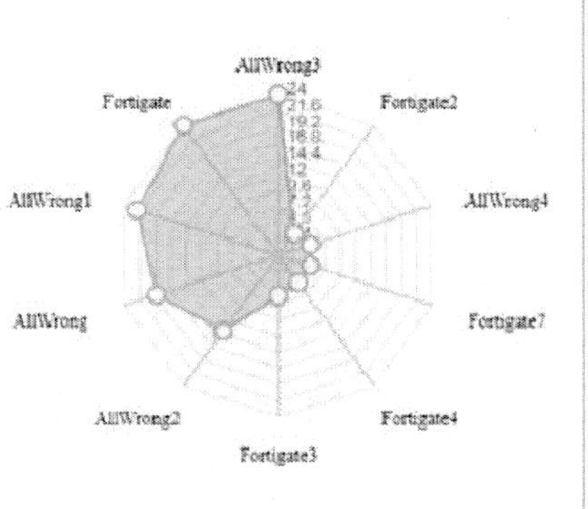

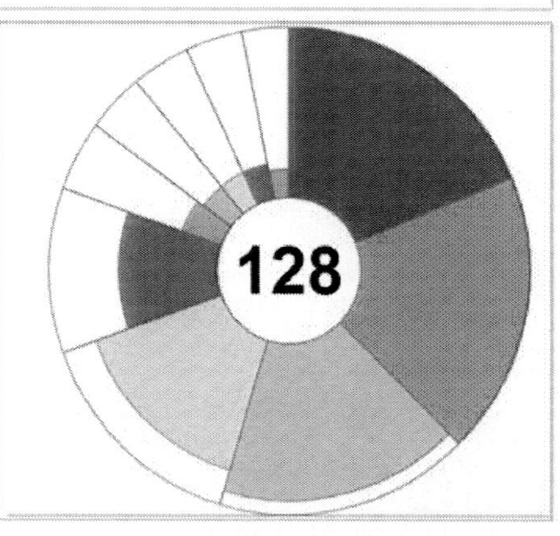

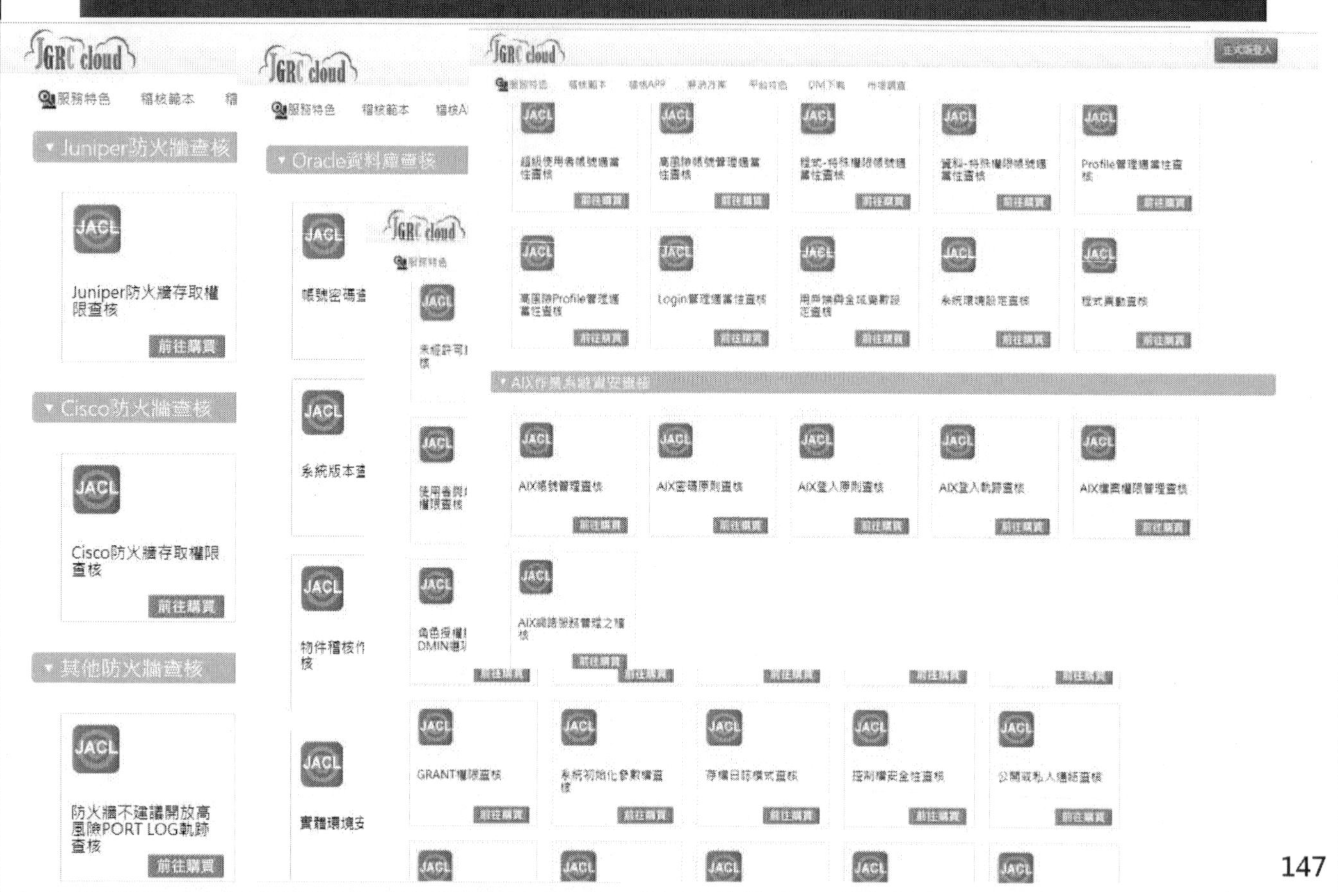

JCAATs-AI Audit Software
Copyright © 2023 JACKSOFT.
標準化稽核元件客製修改快速上線
Juniper防火牆查核
Juniper防火牆存取權限查核
前往購買
Cisco防火牆查核
Cisco防火牆存取權限查核
前往購買
其他防火牆查核
防火牆不建議開放高風險PORT LOG軌跡查核
前往購買
Oracle資料庫查核
AIX作業系統資安查核
147

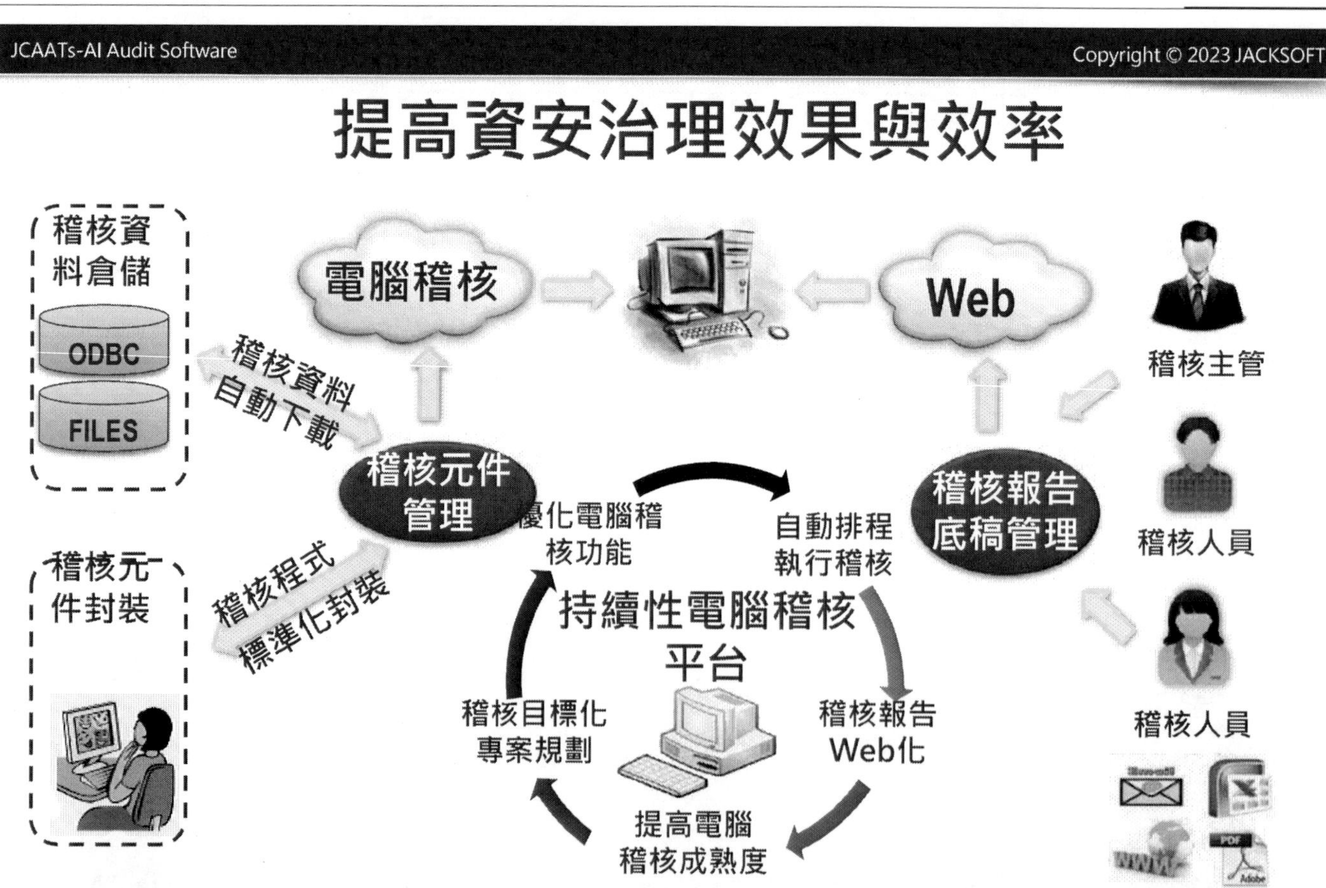

JCAATs-AI Audit Software
Copyright © 2023 JACKSOFT.
提高資安治理效果與效率
稽核資料倉儲
ODBC
FILES
電腦稽核
Web
稽核主管
稽核資料自動下載
稽核元件管理
優化電腦稽核功能
自動排程執行稽核
稽核報告底稿管理
稽核人員
稽核元件封裝
稽核程式標準化封裝
持續性電腦稽核平台
稽核目標化專案規劃
稽核報告Web化
稽核人員
提高電腦稽核成熟度
加速稽核元件開發
強化稽核元件使用效率
稽核報告瀏覽彈性化
148

國際電腦稽核教育協會認證教材

AI 智能稽核實務個案演練系列

智能稽核系列

資訊安全電腦稽核系列

個人資料保護法查核系列

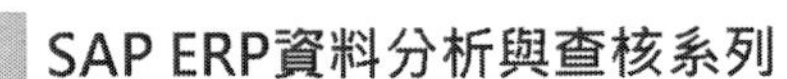

SAP ERP資料分析與查核系列

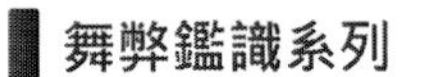

舞弊鑑識系列

洗錢防制系列

AI稽核教育學院：
https://ai.acl.com.tw/Management/Login.php

稽核自動化商城：https://www.acl.com.tw/ec_shop/index.php
歡迎上網選購

歡迎加入 法遵科技 Line 群組

~免費取得更多電腦稽核應用學習資訊~

法遵科技知識群組

有任何問題，歡迎洽詢 JACKSOFT
將會有專人為您服務
官方Line：@709hvurz

「法遵科技」與「電腦稽核」專家

傑克商業自動化股份有限公司 台北市大同區長安西路180號3F之2(基泰商業大樓) 知識網:www.acl.com.tw
TEL:(02)2555-7886 FAX:(02)2555-5426 E-mail:acl@jacksoft.com.tw

JACKSOFT為經濟部能量登錄電腦稽核與GRC(治理、風險管理與法規遵循)專業輔導機構，服務品質有保障

參考文獻

1. 黃秀鳳，2023，JCAATs 資料分析與智能稽核，ISBN9789869895996

2. 黃士銘，2022，ACL 資料分析與電腦稽核教戰手冊(第八版)，全華圖書股份有限公司出版，ISBN 9786263281691.

3. 黃士銘、嚴紀中、阮金聲等著(2013)，電腦稽核－理論與實務應用(第二版)，全華科技圖書股份有限公司出版。

4. 黃士銘、黃秀鳳、周玲儀，2013，海量資料時代，稽核資料倉儲建立與應用新挑戰，會計研究月刊，第 337 期，124-129 頁。

5. 黃士銘、周玲儀、黃秀鳳，2013，"稽核自動化的發展趨勢"，會計研究月刊，第 326 期。

6. 黃秀鳳，2011，JOIN 資料比對分析-查核未授權之假交易分析活動報導，稽核自動化第 013 期，ISSN:2075-0315。

7. 黃士銘、黃秀鳳、周玲儀，2012，最新文字探勘技術於稽核上的應用，會計研究月刊，第 323 期，112-119 頁。

8. World Economic Forum，2023，"Global Risks Report 2023"
https://www.weforum.org/reports/global-risks-report-2023/digest

9. TCCiP，2023，"世界經濟論壇《2023 年全球風險報告》摘要整理"
https://tccip.ncdr.nat.gov.tw/km_abstract_one.aspx?kid=20230119104023

10. 大紀元，2023，"串謀詐騙建築公司逾 9 萬元紐約兩華裔被捕"
https://www.epochtimes.com/gb/23/2/17/n13931683.htm

11. 大紀元，2023，"政院：簡訊或電子郵件通知領 6000 元是詐騙"
https://www.cna.com.tw/news/aipl/202302090224.aspx

12. Yahoo 新聞，2023，"傳 90 萬用戶個資遭竊取！微風：收到勒索信 急啟動損害機制"
https://tw.news.yahoo.com/news/%E5%82%B390%E8%90%AC%E7%94%A8%E6%88%B6%E5%80%8B%E8%B3%87%E9%81%AD%E7%AB%8A%E5%8F%96-%E5%BE%AE%E9%A2%A8-%E6%94%B6%E5%88%B0%E5%8B%92%E7%B4%A2%E4%BF%A1-%E6%80%A5%E5%95%9F%E5%8B%95%E6%90%8D%E5%AE%B3%E6%A9%9F%E5%88%B6-082748627.html

13. 聯合新聞網，2023，"竹市府遭冒用名義寄發惡意郵件 已報警呼籲民眾小心"
https://udn.com/news/story/7320/6953835

14. JSconsultin，2023，"ISO 27001：2022 資訊安全管理系統改版重點說明"
https://www.jsconsulting.com.tw/iso-27001-2022/

15. iThome，2022，"商業電子郵件詐騙大行其道，相關損失居網路詐騙首位"
https://www.ithome.com.tw/news/150775

16. Yahoo 新聞，2022，"小心！詐騙集團假冒衛福部推紓困方案電郵 輸入個資就扣款"
https://tw.sports.yahoo.com/news/%E5%B0%8F%E5%BF%83%EF%BC%81%E8%A9%90%E9%A8%99%E9%9B%86%E5%9C%98%E5%81%87%E5%86%92%E8%A1%9B%E7%A6%8F%E9%83%A8%E6%8E%A8%E7%B4%93%E5%9B%B0%E6%96%B9%E6%A1%88%E9%9B%BB%E9%83%B5-%E8%BC%B8%E5%85%A5%E5%80%8B%E8%B3%87%E5%B0%B1%E6%89%A3%E6%AC%BE-092651602.html

17. 自由時報，2022，"「你本週被搜尋 8 次」 這是詐騙郵件！ LinkedIn 求職平台遭駭客冒用 NO.1"
https://3c.ltn.com.tw/news/50313

18. 資安人，2022，"專訪：SGS 談 ISO/IEC 27001 改版企業因應措施"
https://www.informationsecurity.com.tw/article/article_detail.aspx?aid=10194

19. 全國法規資料庫，2022，"公開發行公司建立內部控制制度處理準則"
https://law.moj.gov.tw/LawClass/LawAll.aspx?pcode=G0400045

20. iThome，2021，"趕在 2021 年結束之前，金管會正式要求臺灣上市櫃大型企業都需設置資安長，讓此要求擴及各類傳產與電子產業"
https://www.ithome.com.tw/news/148662

21. 經濟日報，2020，"商業電子郵件詐騙 台灣受攻擊次數北亞最多"
https://money.udn.com/money/story/5648/4507339

22. iThome，2020，"BEC 詐騙出現新手法，駭客竄改網頁信箱自動轉寄規則來收集情資"
https://www.ithome.com.tw/news/141492

23. 今日新聞，2020，"差一字！國銀居家辦公遭詐騙近千萬　客戶損失銀行承擔"
https://today.line.me/tw/v2/article/%E5%B7%AE%E4%B8%80%E5%AD%97%EF%BC%81%E5%9C%8B%E9%8A%80%E5%B1%85%E5%AE%B6%E8%BE%A6%E5%85%AC%E9%81%AD%E8%A9%90%E9%A8%99%E8%BF%91%E5%8D%83%E8%90%AC+%E3%80%80%E5%AE%A2%E6%88%B6%E6%90%8D%E5%A4%B1%E9%8A%80%E8%A1%8C%E6%89%BF%E6%93%94-wynzqw

24. iThome，2020，"臺銀海外分行爆發商業電郵詐騙千萬，臺銀列為人為疏失，金管會要求加強控管"
https://www.ithome.com.tw/news/137591

25. 自由財經，2020，"台銀洛城分行居家辦公遇詐 差 1 字母 45 萬美元飛了"
https://ec.ltn.com.tw/article/paper/1371286

26. 經濟日報，2020，"居家辦公遭詐騙 台銀洛杉磯分行損失數十萬美元"
https://money.udn.com/money/story/5613/4547640

27. 台視新聞，2020，"首起居家辦公遭詐電郵差一字騙千萬"
https://www.youtube.com/watch?v=L0GURFbg7qM

28. BBC，2019，" Company sues worker who fell for email scam"
https://www.bbc.com/news/uk-scotland-glasgow-west-47135686

29. iThome，2019，"臺灣資通安全管理法上路一個月，行政院資安處公布實施現況"
https://www.ithome.com.tw/news/128789

30. IC3，2019，" BUSINESS EMAIL COMPROMISE THE $26 BILLION SCAM"
https://www.ic3.gov/media/2019/190910.aspx

31. iThome，2017，"企業財務負責人員當心！冒充高層或客戶的郵件詐騙事件頻傳"
https://www.ithome.com.tw/news/116960

32. 趨勢科技，2016，"Security 101: Business Email Compromise (BEC) Schemes"
https://www.trendmicro.com/vinfo/ph/security/news/cybercrime-and-digital-threats/business-email-compromise-bec-schemes/

33. 資安趨勢部落格，2016，"認識變臉詐騙/BEC- (Business Email Compromise) 商務電子郵件詐騙與防禦之道"
https://blog.trendmicro.com.tw/?p=16295

34. Richard B. Lanza，2016，"Blazing a trail for the Benford's Law of words"
https://www.fraud-magazine.com/article.aspx?id=4294991850

35. Galvanize，"9 Steps to IT Audit Readiness"
https://info.wegalvanize.com/IT-Audit-Readiness_LP.html

36. Softnext，"釣魚郵件是駭客發動攻擊的起點"
https://www.softnext.com.tw/solution_01.html

作者簡介

黃秀鳳 Sherry

現　　任

傑克商業自動化股份有限公司 總經理

ICAEA 國際電腦稽核教育協會 台灣分會 會長

台灣研發經理管理人協會 秘書長

專業認證

國際 ERP 電腦稽核師(CEAP)

國際鑑識會計稽核師(CFAP)

國際內部稽核師(CIA) 全國第三名

中華民國內部稽核師

國際內控自評師(CCSA)

ISO 14067:2018 碳足跡標準主導稽核員

ISO27001 資訊安全主導稽核員

ICEAE 國際電腦稽核教育協會認證講師

ACL Certified Trainer

ACL 稽核分析師(ACDA)

學　　歷

大同大學事業經營研究所碩士

主要經歷

超過 500 家企業電腦稽核或資訊專案導入經驗

中華民國內部稽核協會常務理事/專業發展委員會 主任委員

傑克公司 副總經理/專案經理

耐斯集團子公司 會計處長

光寶集團子公司 稽核副理

安侯建業會計師事務所 高等審計員

國家圖書館出版品預行編目(CIP)資料

資通安全電腦稽核 : 高風險詐騙郵件(BEC)查核實例演練 / 黃秀鳳作. -- 2版. -- 臺北市 : 傑克商業自動化股份有限公司, 2023.09
面 ; 公分. -- (國際電腦稽核教育協會認證教材)(AI智能稽核實務個案演練系列)
ISBN 978-626-97151-8-3(平裝)

1.CST: 資訊安全 2.CST: 資訊管理

312.76 112015681

資通安全電腦稽核-高風險詐騙郵件(BEC)查核實例演練

作者 / 黃秀鳳
發行人 / 黃秀鳳
出版機關 / 傑克商業自動化股份有限公司
地址 / 台北市大同區長安西路 180 號 3 樓之 2
電話 / (02)2555-7886
網址 / www.jacksoft.com.tw
出版年月 / 2023 年 09 月
版次 / 2 版
ISBN / 978-626-97151-8-3